国家职业教育焊接技术与自动化专业
教学资源库配套教材

焊接无损检测

主　编　吴静然

副主编　刘翔宇　李艳艳　任卫东

参　编　许利民　王　锋　汤立松
　　　　李世宗　刘会超　徐敬岗

主　审　苏海青　刘运葡

机械工业出版社
CHINA MACHINE PRESS

本书是国家职业教育焊接技术与自动化专业教学资源库配套教材，是根据教育部新颁布的《高等职业学校专业教学标准（试行）》，结合无损检测员国家职业资格标准而编写的。

　　本书按照项目任务式体例编写，涵盖焊接检测的认知、目视检测、射线检测、超声检测、渗透检测、磁粉检测和涡流检测等焊接无损检测相关内容，注重焊接无损检测技术应用能力的培养，以适应焊接产业发展和技术进步对高素质技术技能型人才提出的新要求。同时，本书注重吸收前沿技术，拓展专业视野。本书采用双色印刷，为便于教学，在本书的关键知识点和技能点插入了二维码资源标志。同时，本书配有电子课件、电子教案、视频、动画、网络课程等丰富的教学资源，读者可登录焊接资源库网站 http://hjzyk.36ve.com:8103/访问。

　　本书可作为职业院校焊接技术与自动化专业、机械制造类相关专业的教材，也可作为成人继续教育和企业岗位培训教材，同时也可供社会相关从业人员参考。

图书在版编目（CIP）数据

焊接无损检测／吴静然主编 . — 北京：机械工业
出版社，2018. 5（2024. 6重印）
国家职业教育焊接技术与自动化专业教学资源库配套
教材
ISBN 978-7-111-59554-0

Ⅰ . ①焊… Ⅱ . ①吴… Ⅲ . ①焊接-无损检验-高等
职业教育-教材 Ⅳ . ①TG441. 7

中国版本图书馆 CIP 数据核字（2018）第 056306 号

机械工业出版社（北京市百万庄大街22号 邮政编码100037）
策划编辑：王海峰　　　　　　责任编辑：王海峰　于奇慧
责任校对：刘雅娜　　　　　　封面设计：鞠 扬
责任印制：李 昂
北京捷迅佳彩印刷有限公司印刷
2024 年 6 月第 1 版第 5 次印刷
184mm×260mm · 11 印张 · 245 千字
标准书号：ISBN 978-7-111-59554-0
定价：36. 00 元

电话服务　　　　　　　　　网络服务
客服电话：010 - 88361066　　机　工　官　网：www.cmpbook.com
　　　　　010 - 88379833　　机　工　官　博：weibo.com/cmp1952
　　　　　010 - 68326294　　金　书　网：www.golden-book.com
封底无防伪标均为盗版　　机工教育服务网：www.cmpedu.com

国家职业教育焊接技术与自动化专业

教学资源库配套教材编审委员会

总序

跨入 21 世纪，我国的职业教育经历了职教发展史上的黄金时期。经过了"百所示范院校"和"百所骨干院校"，涌现出一批优秀教师和优秀的教学成果。而与此同时，以互联网技术为代表的各类信息技术飞速发展，它带动其他技术的发展，改变了世界的形态，甚至人们的生活习惯。网络学习，成为了一种新的学习形态。职业教育专业教学资源库的出现，是适应技术与发展需要的结果。通过职业教育专业资源库建设，借助信息技术手段，实现全国甚至是世界范围内的教学资源共享。更重要的是，以资源库建设为抓手，适应时代发展，促进教育教学改革，提高教学效果，实现教师队伍教育教学能力的提升。

2015 年，职业教育国家级焊接技术与自动化专业资源库建设项目通过教育部审批立项。全国的焊接专业从此有了一个统一的教学资源平台。焊接技术与自动化专业资源库由哈尔滨职业技术学院、常州工程职业技术学院和四川工程职业技术学院三所院校牵头建设，在此基础上，项目组联合了 48 所大专院校，其中有国家示范（骨干）高职院校 23 所，绝大多数院校均有主持或参与前期专业资源库建设和国家精品资源课及精品共享课程建设的经验。参与建设的行业、企业在我国相关领域均具有重要影响力。这些院校和企业遍布于我国东北地区、西北地区、华北地区、西南地区、华南地区、华东地区、华中地区和台湾地区的 26 个省、自治区、直辖市。对全国省、自治区、直辖市的覆盖程度达到 81.2%。三所牵头院校与联盟院校包头职业技术学院、承德石油高等专科学校、渤海船舶职业技术学院作为核心建设单位，共同承担了 12 门焊接专业核心课程的开发与建设工作。

焊接技术与自动化专业资源库建设了"焊条电弧焊""金属材料焊接工艺""熔化极气体保护焊""焊接无损检测""焊接结构生产""特种焊接技术""焊接自动化技术""焊接生产管理""先进焊接与连接""非熔化极气体保护焊""焊接工艺评定""切割技术"共 12 门专业核心课程。课程资源包括课程标准、教学设计、教材、教学课件、教学录像、习题与试题库、任务工单、课程评价方案、技术资料和参考资料、图片、文档、音频、视频、动画、虚拟仿真、企业案例及其他资源等。其中，新型立体化教材是其中重要的建设成果。与传统教材相比，本套教材采用了全新的课程体系，加入了焊接技术最新的发展成果。

焊接行业、企业及学校三方联动，针对"书是书、网是网"，课本与资源库毫无关联的情况，开发互联网＋资源库的特色教材，为教材设计相应的动态及虚拟互动资源，弥补纸质教材图文呈现方式的不足，进行互动测验的个性化学习，不仅使学生提高了学习兴趣，而且拓展了学习途径。在专业课程体系及核心课程建设小组指导下，由行业专家、企业技术人员和专业教师共同组建核心课程资源开发团队，融入国际标准、国家标准和焊接行业标准，共同开发课程标准，与机械工业出版社共同统筹规划了特色教材和相关课程资源。本套新型的焊接专业课程教材，充分利用了互联网平台技术，教师使用本套教材，结合焊接技术与自动化网络平台，可以掌握学生的学习进程、效果与反馈，及时调整教学进程，显著提升教学效果。

教学资源库正在改变当前职业教育的教学形式，并且还将继续改变职业教育的未来。随着信息技术的发展和教学手段不断完善，教学资源库将会以全新的形态呈现在广大学习者面前，本套教材也会随着资源库的建设发展而不断完善。

教学资源库配套教材编审委员会

2017 年 10 月

前言

本书是国家职业教育焊接技术与自动化专业资源库配套教材。本书以"任务驱动"为主线,以项目任务式体例进行编写,每个任务安排"知识目标""能力目标""任务描述""知识准备""任务实施"和"课业任务"等栏目内容。本书注重培养学生的焊接无损检测岗位所需的知识、能力和素质,通过学习,可使学生熟悉检测设备和常用器材的基本操作,熟悉检测方法的基本过程和工艺规程,了解常见焊接接头的评定方法和要求,并能够按照相关标准对焊缝质量做出评价。本书在编写过程中,充分体现职业教育特色,力求"淡化理论、突出应用、重在技能",基础理论以服务应用为目的、以够用为度。注重焊接检测基础知识的铺垫,以检测的技术控制为重点,突出检测操作及标准应用,加强技能实训。

本书是国家职业教育焊接技术与自动化专业资源库核心课程"焊接无损检测"(网址:http://101.200.42.115/xxpt/?q=node/59256)的配套教材,读者可登录该网站,注册后报名学习。

本书由承德石油高等专科学校吴静然主编。编写分工为:吴静然编写项目四;承德石油高等专科学校许利民编写项目一;承德石油高等专科学校李艳艳编写项目二;常州工程职业技术学院任卫东、徐敬岗及中国石油天然气第一建设有限公司李世宗编写项目三;承德石油高等专科学校刘翔宇编写项目五。承德石油高等专科学校王锋、汤立松及中国石油天然气第一建设有限公司刘会超参与本书编写工作。郑州华龙工程检测有限公司检测工程师刘运葡和承德石油高等专科学校苏海青教授任主审。

本书在编写过程中,参阅了国内外出版的有关教材和资料,在此对有关作者表示衷心感谢!

由于编者水平有限,书中不妥之处在所难免,恳请读者批评指正。

编　者

Contents 目录

项目一
焊接检测的认知

可以毫不夸张地说，一个国家焊接技术发展水平的高低，是其工业和科学技术现代化发展水平的一个重要标志。在当今的知识经济时代里，焊接仍是制造业的重要加工技术或手段，且将进一步发展成为一种精确、可靠、低成本的连接方法。现代工业和科学技术的发展，特别是汽车、船舶、飞机、航天、原子能、石油、化工、电子等工业的迅猛发展，都促进了焊接技术的发展。例如：计算机技术的发展，为各种自动化焊接技术的发展提供了坚实的技术基础；高新技术的快速发展，装备的轻量化、节能化、高性能化，使轻金属、复合材料等新型材料的应用范围不断扩大，这些材料都需要用新的焊接技术和设备来制成给定功能的结构。在焊接生产中，焊接质量是焊接结构的生命线，而焊接检测在焊接质量控制中扮演着重要的角色。事实上，为了有效地开展焊接检测工作，检测人员必须具有较宽的知识面和检测技巧，因为焊接检测并不只是简单地看看焊缝，更重要的是要对焊接产品的质量水平，特别是缺陷的存在与影响做出合理的判断。

任务一　焊接检测的认知

1）掌握焊接检测的内容。

2）掌握焊接检测的相关标准。

3）了解焊接接头的几种常见破坏性检测方法。

4）了解金属焊接工艺缺陷。

会分辨出焊接工艺缺陷，如裂纹、孔穴、固体夹杂、未熔合及未焊透、形状和尺寸不良、其他缺欠等。

通过学习焊接检测的相关标准，了解焊接检测的方法，认识焊接缺陷，如裂纹、孔穴、固体夹杂、未熔合及未焊透、形状和尺寸不良、其他缺欠等。

1. 焊接检测概述

（1）焊接检测的意义　由于焊接接头为一性能不均匀体，应力分布又十分复杂，制造过程中也做不到绝对的不产生焊接缺陷，更不能排除产品在役运行中出现新缺陷。所以为获得可靠的焊接结构（件），还必须采用和发展合理而先进的焊接检测技术。

焊接检测的意义如下。

1）对非连续加工（如多工序生产）或连续加工（如自动化生产流水线）的原材料、半成品、成品以及产品构件提供实时的工序质量控制，特别是控制产品材料的冶金质量与生产工艺质量，如缺陷情况、组织状态、几何形状与尺寸的监控等。同时，检测所了解到的质量信息又可反馈给设计与工艺部门，促使其进一步改进设计与制造工艺以提高产品质量，收到减少废品和返修品、降低制造成本、提高生产率的效果。

2）进行合理的焊接检测可以根据验收标准将材料、产品的质量水平控制在适当的使用性能要求范围内，避免无限度地提高质量要求造成所谓的"质量过剩"。在进行无损检测时，还可以通过检测确定缺陷所处的位置，在不影响设计性能的前提下使某些存在缺陷的材料或半成品得以利用。例如：缺陷处于加工余量之内，或者允许局部修磨或修补，或者调整加工工艺使缺陷位于将要加工去除的部位等，从而可以提高材料的利用率，获得良好的经济效益。因此，焊接检测可以降低生产制造费用、提高材料利用率、提高生产率，在产品同时满足使用性能要求（质量水平）和经济效益需求的两方面都起着重要的作用。

3）产品使用前的检测是非常必要的，特别是那些将在高应力、高温、高循环载荷等复杂恶劣条件或环境中工作的零部件或构件等，仅仅靠一般的外观检查、尺寸检查、破坏性抽检等是远远不够的，还需要进行无损检测，以全面检查材料内外部缺陷。

4）进行合理的焊接检测，特别是使用无损检测技术对服役期间或正在运行中的设备构件进行经常性或定期检查，或者实时监控（称为在役检测），能及时发现影响设备继续安全运行和使用的隐患，防止事故的发生。定期或不定期在役检测，对所探测到的缺陷能够确定其类型、尺寸、位置、形状与取向等，根据断裂力学理论和损伤容限设计、耐久性等对设备构件的状态、能否继续使用、安全使用的极限寿命或者剩余寿命做出评估和判断。对于重要的大型设备，如锅炉、压力容器、核反应堆、飞机、铁路车辆、铁轨、桥梁建筑、水坝、电力设备、输送管道等，防患于未然，更有着不可忽视的重要意义。

5）焊接检测贯穿于设计、制造和运行全过程中的各个环节，其目的即是为了最安全、最经济地生产和使用产品。检测本身不是所谓的"成形技术"，对产品所期待的使用性能和质量只能在产品制造中达到。检测的根本作用只是保证产品的质量或使用性能符合预期的目标。

（2）焊接检测的分类　焊接检测可以视为是采用调查、检查、度量、试验等方法，把产品的焊接质量同其使用要求不断地相比较的过程。检测方法根据对产品是否造成损伤可分为破坏性检测（Destructive Test）和非破坏性（无损）检测（Non-Destructive Test，NDT）两大类。

破坏性检测是指只有将受检测样品破坏后才能进行的检测，或者在检测过程中受检测样品被破坏或消耗的检测。进行破坏性检测后，被检测样品完全丧失了原有的使用价值。

非破坏性（无损）检测是利用物质的某些物理特性，主要包括热、声、光、磁和电等，在不损害或不影响被检对象使用性能的前提下，检测被检对象中是否存在缺陷或不均匀性，给出缺陷的大小、位置、性质和数量等信息，进而判定被检对象所处技术状态的所有技术手段的总称。所处技术状态包括是否合格和剩余寿命等。

1）破坏性检测主要包括以下内容。

① 力学性能试验。拉伸试验、弯曲试验、抗压试验、抗扭试验、抗剪试验、冲击试验、断裂韧性试验、硬度试验、疲劳试验、蠕变试验（持久强度和应力松弛试验）、耐磨试验和金属工艺性试验等。

② 金相检测。宏观检测、微观检测和断口检测等。

③ 化学分析。经典化学分析（重量分析法、滴定分析法、气体容量法等）、仪器分析（光学分析法、电化学分析法、色谱分析法和质谱分析法等）和腐蚀试验等。

④ 爆破检测（必要时）。多用水压爆破试验。

2）非破坏性（无损）检测主要包括以下内容。

① 外观检查（目视及测量）。焊接接头表面尺寸的检查、焊接接头表面缺陷的检查。

② 强度检测。水压试验和气压试验等。

③ 致密性试验。吹气试验、氨渗漏试验、煤油渗漏试验、载水试验、冲水试验和沉水试验等。

④ 射线检测、超声检测、磁粉检测、渗透检测、全息检测、中子检测、液晶检测和声发射检测等。

非破坏性（无损）检测和破坏性检测的比较见表1-1。

表1-1　非破坏性（无损）检测和破坏性检测的比较

非破坏性(无损)检测	破坏性检测
优点	优点
1）可直接对所生产的产品进行试验,而与产品的成本或可得到的数量无关,除去坏产品之外也没多大损失 2）既能对产品进行普检,也可对典型的抽样进行试验 3）对同一产品既可同时又可依次采用不同的试验方法 4）对同一产品可以重复进行同一种试验 5）可对使用的产品进行试验 6）可直接测量运转使用期内的累积影响 7）可查明失效的机理 8）试样很少或无须制备 9）为了使用于现场,设备往往是携带式的 10）劳动成本往往很低,尤其是对同类零件进行重复性试验时,更是如此	1）往往能直接而又可靠地测量出使用情况 2）测定结果是定量的,这对设计与标准化的工作来说通常是很有价值的 3）通常不必借助熟练的技术即可对试验结果做出说明 4）试验结果与使用情况之间的关系往往是直接一致的,从而使观测人员之间对于试验结果的争论范围很小
局限性	局限性
1）通常都必须借助熟练的试验技术才能对结果做出说明 2）不同的观测人员可能对试验结果所表明的情况看法不一致 3）检测的结果只是定性的或相对的 4）有些非破坏性试验需要的原始投资很大	1）只能用于某一抽样,而且需要证明该抽样代表着一整批产品的情况 2）试验过的产品不能再交付使用 3）往往不能对同一件产品进行重复性试验,而且不同形势的试验也许需要不同的试样 4）由于报废的损失大,故广泛进行试验通常是不大合理的 5）对材料成本、生产成本很高或利用率有限的产品不适合 6）不能直接测量运转使用期内的累积影响,只能根据用过不同时间的产品结果来加以推断 7）对使用中的产品很难应用,往往要中断其有效寿命 8）试验用的试样,往往需要大量的机加工或其他的制备工作 9）投资及人力消耗往往很高

表1-1表明,破坏性检测固然能提供焊接结构（件）的材料性能、组织结构和化学成分的定性、定量数据,但由于提取的数据是构件局部或试样的试验结果,它是建立在统计数学基础上的,所以随机性较强。所获数据充其量也只是反映构件系统的综合水平,必然有较大的局限性。重要的焊接结构（件）产品验收和在役中的产品,则必须采用不破坏其原有形状、不改变或不影响其使用性能的检测方法来保证产品的安全性和可靠性,因此无损检测技术在当今获得了更大的注意和蓬勃发展。

（3）焊接检测的依据　焊接生产是依据技术标准和技术规范,经规定程序批准实施的有关施工用工程图样、工艺文件及订货合同等进行的。在进行焊接检测时,也必须按照这些文件规定进行。

1）相关技术标准和技术规范。产品标准按使用范围划分为国际标准、区域标准、国家标准、行业标准和企业标准等。通常国际标准由国际标准化组织（ISO）理事会审查,ISO理事会接纳国际标准并由中央秘书处颁布;国家标准在中国由国务院标准化行政主管部门制定;行业标准由国务院有关行政主管部门制定;企业生产的产品没有国家标准和行业标准的,应当制定企业标准,作为组织生产的依据，并报有关部门备案。由此可见，标准是产品生产的行动准则，执行标准有利于合理利用国家资源、推广科学技术成果、提高经济效益、保障安全和人民身体健康、保护消费者的利益、保护环境和产品的通用互换等。所以，在进行焊接检测时，应依据有关标准进行。除此之外，还包括有关的技术规范，其通常规定了具体焊接产品的质量要求和质量评定方法，是指导焊接检测工作的法规性文件。

2）工程图样。施工用工程图样一般都明确规定或提出对焊接质量或焊缝质量的具体要求。它是生产中使用的最基本资料。根据一般技术和工艺管理有关规定，施工用工程图样通常是经过产品的试验、验收和规定审批程序批准的技术文件，加工制作须按图样的规定进行。通常图样规定了结构（件）的尺寸、形状及相应的偏差要求、材料、焊缝位置、坡口形式与尺寸、焊接方法及一些焊缝的检测要求等。

3）检测的工艺文件。这类文件具体规定了检测方法及其实施过程，是检测工作的指导性实施细则。它主要包括工艺规程及卡片、检测规程及卡片等。它们具体规定了检测方法和检测程序，指导现场检测人员进行工作。此外它还包括检测过程中收集的检测单据：检测报告、不良品处理单、更改通知单（如图样更改、工艺更改、材料代用、追加或改变检测要求等）等所使用的书面通知。

4）订货合同。用户对产品焊接质量的要求在合同或有关协议中有明确标定的，可以视为图样和工艺文件的补充规定。它作为焊接检测的验收依据，有利于满足需求质量要求，使最终拿出的产品和用户的需求质量一致，但要注意依照法律的规定执行。

（4）焊接检测内容　焊接检测内容包括从产品的图样设计到产品制造整个生产过程中所使用的材料、工具、设备、工艺过程和成品质量的检测，一般可分为三个阶段，即焊接前的检测、焊接生产过程中的检测、焊接成品的检测。从对产品质量负责到底的角度上看，它还应包括安装调试质量的检测和产品服役质量的检测。

1）焊接前的检测。焊接前的检测主要是对焊前准备的检测，是最大限度避免或减少焊接缺陷的产生，保证焊接质量的积极有效措施。焊接前的检测包括原材料的检测、工作条件的检测等。

① 原材料的检测。母材金属质量的检测，以化学分析为主；焊丝、焊条质量的检测，主要进行宏观质量的检测及化学分析；氩气、氧气、乙炔气及焊剂质量的检测，主要检测材料质量保证书，必要时进行质量分析等。

② 工作条件的检测。焊工水平、资格的审查（持证上岗）；施焊环境的检测；工艺评定覆盖状况的检测；焊接工艺文件（卡）、方案的审查；检测条件的审查，如检测空间、检测面和取样位置等。

2）焊接生产过程中的检测。

① 焊工的自检。焊接过程不仅指形成焊缝的过程，还包括后热和焊后热处理过程。应当指出，焊工直接操纵焊接设备并能充分接近焊接区域和随时调整焊接参数，以适应焊缝成形质量的要求。因此，焊工的自检能积极主动地控制焊接质量。

② 施工准备情况的检测。它包括放样、下料、坡口的检测，冷热成形、预处理的检测，焊接

材料的烘干，焊接设备及工艺装备的检测和装配情况的检测等。

③ 进行焊接工艺规范及工艺纪律的检查和产品试板的检测。

④ 焊接产品的中间检测，如焊接接头外观检查，焊接接头内部工艺缺陷的检查等。专职检测人员还要对焊工的操作质量进行必要的监督。

3）焊接成品的检测。焊接结构（件）虽然在焊接前和焊接生产过程中进行了有关检测，但由于制造过程中外界因素的变化或规范、能源的波动等，仍有可能产生焊接缺陷。因此必须进行焊接产品的成品检测。其主要检测内容如下。

① 焊接接头质量的检测。它主要是外观检测，发现焊缝表面的缺陷和尺寸上的偏差，其一般通过肉眼观察，借助标准样板、量规和放大镜等工具进行检测。焊接接头质量的检测还包括焊缝内部缺陷的检测。一些结构还可能进行焊接残余应力的检测、奥氏体焊缝铁素体含量的检测、珠光体耐热钢焊缝及热影响区硬度的检测等。

② 致密性的检测。储存液体或气体的焊接容器，其焊缝的不致密缺陷，如贯穿性的裂纹、气孔、夹渣、未焊透和疏松组织等，可用致密性试验来发现。致密性试验主要有氨渗漏试验、煤油渗漏试验、载水试验、冲水试验、沉水试验和氦渗漏试验等。

③ 受压容器的强度检测。受压容器除进行致密性试验外，还要进行强度试验。常见强度试验有水压试验和气压试验两种。它们都能检测在压力下工作的容器和管道的焊缝致密性。气压试验比水压试验更为灵敏和迅速，同时试验后的产品不用排水处理，对于排水困难的产品尤为适用。但气压试验的危险性比水压试验大。进行试验时，必须遵守相应的安全技术规范，以防试验过程中发生事故。

④ 必要时进行破坏性试验，如爆破试验。

⑤ 物理方法检测。物理方法检测就是利用一些物理现象进行测定或检测。材料或工件内部缺陷情况的检查，一般都是采用无损检测的方法。

4）安装调试质量的检测。安装调试质量的检测包括两方面：其一，对现场组装的焊接质量进行检测；其二，对制造时的焊接质量进行现场复查。现场复查主要应注意以下三方面。

① 检测程序和检测项目。检查资料的齐全性；核对质量证明文件；检查实物与质量证明的一致性；按有关安装规程和技术文件规定进行检测；对产品重要部位、易产生质量问题的部位，注意重点检查。

② 检测方法和验收标准。运输中易破损和变形的部位应给予特别注意。在安装调试过程中，对焊接产品的制造质量应进行复查，以便发现漏检或错检，及时处理消除隐患，保证焊接结构（件）安全可靠地运行。注意复检时所采用的检测方法、检测项目和验收标准应该符合有关标准的规定，应与产品制造过程中所采用的相同。

③ 焊接质量问题的现场处理。发现漏检，应做补充检查并补齐质量证明文件。因检测方法、检测项目或验收标准等不同而引起的质量差异，应尽量采用同样的检测方法、检测项目或验收标准，以确定焊接产品合格与否。可修可不修的焊接缺陷一般不退修。焊接缺陷明显超标，应进行退修。其中大型结构应尽量在现场修复，不能修复的应及时返厂。

5）产品服役质量的检测。

① 产品运行期间的质量监控。焊接结构（件）在役运行时，可用声发射技术进行质量监督。另外，产品在使用过程中还应该进行必要的人工跟踪检测。

② 产品的复查。焊接产品在腐蚀介质、交变载荷和热应力等条件下工作，使用一定时间后往往产生各种形式的裂纹。为保证设备安全运行，应有计划地定期复查焊接质量。重要产品如锅炉压力容器等应按照相应安全监察规程进行定期检修，以便发现缺陷，消除隐患，保证安全运行。

在役设备已在工作位置上固定，很难搬动，一般应在现场返修。对重要焊接产品必须退修时要进行工艺评定、验证焊接工艺、制订退修工艺措施、编制质量控制指导书和记录卡，以保证在返修过程中掌握质量标准、记录及时和控制准确。

（5）焊接结构破坏事故的现场调查与分析

1）现场调查。焊接产品在服役过程中一旦发生事故，一般产品的制造者要到达现场进行必要的事故原因分析和事故处理。要保护现场，收集所有运行记录；尽可能查明在设备运行过程中，操作工作是否正确；查清开裂的位置，进行断口部位的焊接接头表面质量和断口质量分析；测量破坏结构的实际厚度，核对它的厚度是否符合图样要求等。

2）取样分析。在断裂部位或附近提取试样进行金相检测，并复查化学成分和力学性能等。

3）设计校核。检测人员与设计及技术人员一同对事故产品进行必要的设计校核。

4）复查制造工艺。通常一旦出现事故，在进行事故原因分析时，要调取原始的生产及质量管理记录，以便准确确定事故的发生原因。

对事故的调查与分析，目的是要分清责任，并为制造和运行等提供改进依据。

2. 焊接接头的几种常见破坏性检测方法

（1）焊接接头力学性能试验　焊接接头力学性能主要通过拉伸、弯曲、冲击和硬度等试验方法进行检测。大多数焊接接头力学性能试验的试样制备、试验条件及试验要求等都有相应的国家标准。焊接接头力学性能试验方法及主要内容见表1-2。

1）焊接接头拉伸试验方法　焊接接头拉伸试验试样可以从焊接试件上垂直于焊缝轴线截取，经机械加工后，焊缝轴线应位于试样平行长度的中心。试样截取位置、方法及数量应符合GB/T 2651—2008《焊接接头拉伸试验方法》的规定。

对每个试验试样进行标记，以确定在焊接试件中的位置。采用机械加工或磨削方法制备试样，试验长度内，表面不应有横向刀痕或刻痕。试样表面应去除焊缝余高，保持与母材原始表面齐平。

焊接接头拉伸试样的形状分为板状、整管和圆柱形三种。板接头和管接头板状拉伸试样如图1-1所示，其尺寸见表1-3。整管拉伸试样如图1-2所示，圆柱形拉伸试样如图1-3所示。试验仪器及试验条件应符合GB/T 228.1—2010《金属材料　拉伸试验　第1部分：室温试验方法》的规定，测定焊接接头的抗拉强度R_m，然后根据相应标准或产品技术条件对试验结果进行评定。

表 1–2　焊接接头力学性能试验方法及主要内容

标准名称	标准编号	主要内容	使用范围
焊接接头冲击试验方法	GB/T 2650—2008	按照夏比冲击试验方法,测定接头的冲击吸收能量	熔化焊及压焊对接接头
焊接接头拉伸试验方法	GB/T 2651—2008	焊接接头横向拉伸试验方法,测定接头的抗拉强度	熔化焊及压焊对接接头
焊缝及熔敷金属拉伸试验方法	GB/T 2652—2008	焊缝及熔敷金属拉伸试验方法,测定试样的拉伸强度和塑性	采用焊条或填充焊丝的熔化焊
焊接接头弯曲试验方法	GB/T 2653—2008	对接接头的正弯及背弯试验、侧弯试验;带堆焊层的正弯、侧弯试验;带堆焊层的对接接头正弯、侧弯试验	熔化焊对接接头
焊接接头硬度试验方法	GB/T 2654—2008	焊接接头的硬度	金属材料电弧焊接头,其他接头形式可参考

表 1–3　板状拉伸试样的尺寸　　　　　　　　　　　　　　（单位：mm）

试样总长		L_t	适合于所使用的试验机
夹持端宽度		b_1	$b+12$
平行长度部分宽度	板	b	$12(t_s \leqslant 2)$ $25(t_s > 2)$
	管	b	$6(D \leqslant 50)$ $12(50 < D \leqslant 168)$ $25(D > 168)$
			当 $D \leqslant 38$ 时,取整管拉伸
平行长度		L_c	$\geqslant L_s + 60mm$
过渡半径弧		r	$\geqslant 25$

注：L_s 为加工后焊缝的最大宽度，压焊及高能束焊接接头 L_s 为 0；D 为管子外径；某些金属材料（如铝、铜及其合金）可以要求 $L_c \geqslant L_s + 100mm$。

2）焊缝及熔敷金属拉伸试验方法。拉伸试验应按 GB/T 288.1—2010 进行。除非有规定，试验应在环境温度（23 ± 5）℃条件下进行。

根据 GB/T 2652—2008《焊缝及熔敷金属拉伸试验方法》的规定，试样应从试件的焊缝及熔敷金属上纵向截取，如图 1-4 所示。加工完成后，试样的平行长度应全部由焊缝金属组成。

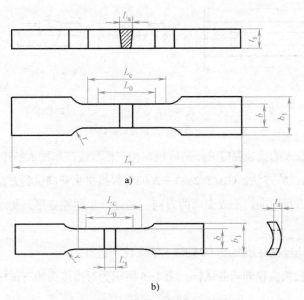

图 1-1　板接头和管接头板状拉伸试样

a）板接头　b）管接头

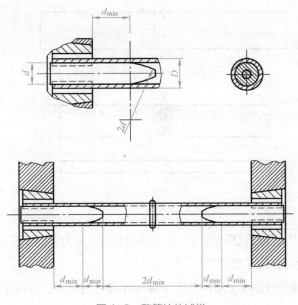

图 1-2　整管拉伸试样

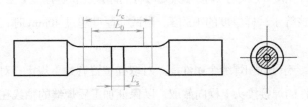

图 1-3　圆柱形拉伸试样

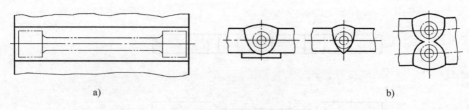

图 1-4　试样从试件的焊缝及熔敷金属上纵向截取

测定焊缝及熔敷金属的抗拉强度 R_m，然后根据相应标准或产品技术条件对试验结果进行评定。

3）焊接接头弯曲试验方法。GB/T 2653—2008《焊接接头弯曲试验方法》是对从焊接接头截取的横向或纵向试样进行弯曲，不改变弯曲方向，通过产生塑性变形，使焊接接头的表面或横截面发生拉伸变形。

除非有规定，试验应在环境温度（23±5）℃条件下进行。

图 1-5 所示为对接接头横向弯曲试样。图 1-6 所示为对接接头侧弯试样。

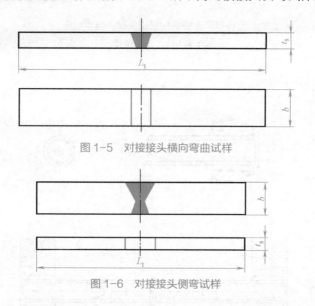

图 1-5　对接接头横向弯曲试样

图 1-6　对接接头侧弯试样

图 1-5 和图 1-6 中，L_t 为试样总长度，t_s 为试样厚度，b 为试样宽度。对接接头弯曲试样厚度 t_s 应等于焊接接头处母材的厚度。

对接接头纵向弯曲试样厚度 t_s 同样是等于接头处母材的厚度。当试件厚度 t 大于 12mm，试样厚度 t_s 应为（12±0.5）mm。

对接接头侧弯试样宽度 b 应等于焊接接头处母材的厚度。试样厚度 t_s 至少为（10±0.5）mm，而且试样宽度应大于或等于试样厚度的 1.5 倍。当试样厚度超过 40mm 时，试样宽度 b 的范围为 20～40mm。

试样的制备应不影响母材和焊缝金属性能。对取样位置有如下规定：对于对接接头横向弯曲试验，应从产品或试件的焊接接头上横向截取，以保证加工后焊缝的轴线在试样的中心或适合于试验的位置；对于对接接头纵向弯曲试验，应从产品或试件的焊接接头上纵向截取试样；带堆焊层的弯曲试样位置和方向应符合相关标准或协议的规定。对接接头弯曲试样的取样方法如图 1-7 所示。对接接头侧弯试样的取样方法如图 1-8 所示。

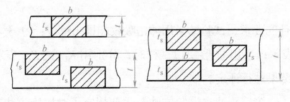

图 1-7 对接接头弯曲试样的取样方法

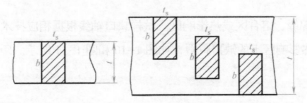

图 1-8 对接接头侧弯试样的取样方法

弯曲试验时，将试样放在两个平行的辊筒上，在跨距中间位置、垂直于试样表面施加集中载荷，如图 1-9 所示。当弯曲角达到相应标准中规定的数值时，完成试验。按相应标准或规定检查试样拉伸面上出现的裂纹或焊接缺陷的位置和尺寸。

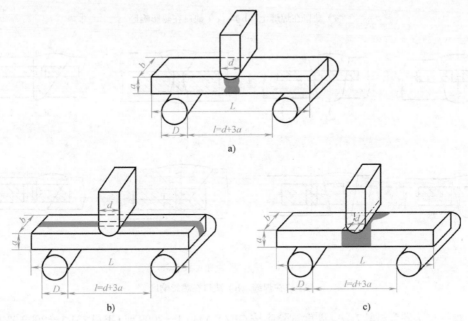

图 1-9 弯曲试样集中载荷施加方式

a）横弯试验 b）纵弯试验 c）横向侧弯试验

4）焊接接头冲击试验方法 冲击试验方法按照 GB/T 229—2007《金属材料 夏比摆锤冲击试验方法》进行。

冲击试样尺寸为 10mm×10mm×55mm，开 U 形或 V 形缺口。试样底部应光滑，不能有与缺口轴线平行的明显划痕。采用机械加工或磨削方法制备试样，试样号一般标记在试样的端面、侧面或缺口背面距端面 15mm 以内。试样缺口处有肉眼可见的气孔、夹杂、裂纹等缺陷则不能进行试验。

根据所使用技术条件的要求，试验结果用冲击吸收能量（单位：J）表示。当用 V 形缺口试样时，分别用 K_{V2} 或 K_{V8} 表示；当用 U 形缺口试样时，分别用 K_{U2} 或 K_{U8} 表示。然后根据相应标准或产品技术条件对试验结果进行评定。

GB/T 2650—2008《焊接接头冲击试验方法》主要规定了对接接头冲击试验取样、缺口方向和试验报告的要求。

试样缺口可开在焊缝、熔合区或热影响区。试样缺口轴线根据相应技术要求平行或垂直于试样表面，开在焊缝和热影响区上的缺口位置，如图 1-10 和图 1-11 所示。距离 a 由产品技术条件规定。

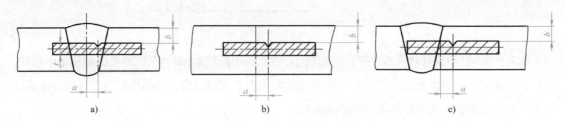

图 1-10　缺口平行于试样表面
a）缺口在焊缝上　b）、c）缺口在热影响区

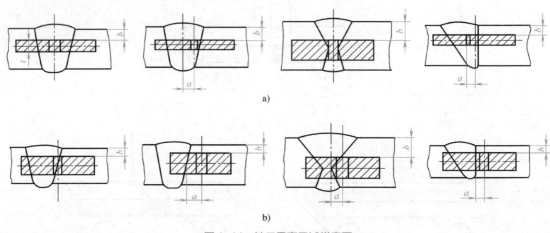

图 1-11　缺口垂直于试样表面
a）缺口在焊缝　b）缺口在热影响区

5）焊接接头硬度试验方法。硬度试验应按 GB/T 4340.1—2009 或 GB/T231.1—2009 要求进行。除非有规定，试验应在环境温度（23±5）℃条件下进行。

GB/T 2654—2008《焊接接头硬度试验方法》主要规定了试样的制备方法，具体的试验工艺，对不同种类焊缝的标线测定和单点测定。特别是规定了母材、焊缝、热影响区测点应有足够的数量，热影响区的硬化区应增加测点数量。测点的距离应根据具体位置进行确定。

（2）焊接接头金相组织分析　在焊接过程中，焊接接头各部分经受了不同的热循环，因而所得组织各异。组织的不同，导致力学性能的变化。对焊接接头进行金相组织分析，是对接头性能鉴定不可缺少的环节。

焊接接头的金相检测主要用来检查焊缝、热影响区和母材的金相组织、晶粒大小、缺陷和杂质等。金相检测分为宏观检测和微观检测。宏观检测一般是用肉眼或用 30 倍以下的放大镜进行检测。微观检测一般是借助于 100 倍以上的光学金相显微镜或电子显微镜进行检测。

异种材料焊接接头的金相组织分析比较困难，其金相组织的显示是分析工作的技术关键，不同的母材金属及焊缝金属对同一种侵蚀剂表现出完全不同的腐蚀行为，很难显示出熔合线两侧的不同组织。侵蚀异种材料焊接接头组织最好采用不同的化学侵蚀剂或化学侵蚀和电解侵蚀相结合。典型异种材料焊接接头金相组织的显示方法见表 1-4。

表 1-4 典型异种材料焊接接头金相组织的显示方法

接头材料	侵蚀剂和显示次序	备注
不锈钢+钢	方法一 1)10g铬酸酐(CrO_3)+100mL水溶液,电解腐蚀:电压6V,电流密度0.05~0.1A/cm^2,时间30~50s 2)4%硝酸酒精溶液或5g氯化铁+2mL盐酸+100mL酒精溶液 方法二 50mL水+50mL盐酸+5mL硝酸溶液(加热至出现水蒸气为止)	侵蚀奥氏体不锈钢部分 侵蚀碳不锈钢和低合金钢 同时侵蚀碳钢和不锈钢
铜+不锈钢	1)8%氯化铜氨水溶液 2)10g铬酸酐(CrO_3)+100mL水溶液,电解腐蚀:电压6V,电流密度0.05 ~ 0.1A/cm^2,时间30~50s	侵蚀铜部分 侵蚀奥氏体不锈钢部分
铜+低合金钢	1)8%氯化铜氨水溶液 2)4%硝酸酒精溶液或5g氯化铁+2mL盐酸+100mL酒精溶液	侵蚀铜部分 侵蚀低合金钢部分
钛+钢	1)100mL水+3mL硝酸 2)4%硝酸酒精溶液或5g氯化铁+2mL盐酸+100mL酒精溶液	侵蚀钛部分 侵蚀碳钢和低合金钢部分
铝+不锈钢	1)95mL水+1mL氢氟酸+2.5mL硝酸 2)10g铬酸酐(CrO_3)+100mL水溶液,电解腐蚀:电压6V,电流密度0.05~0.1A/cm^2,时间30~50s	侵蚀铝部分 侵蚀不锈钢部分
铝+低合金钢	1)95mL水+1mL氢氟酸+2.5mL硝酸 2)4%硝酸酒精溶液或5g氯化铁+2mL盐酸+100mL酒精溶液	侵蚀铝部分 侵蚀低合金钢部分
Fe_3Al+碳钢	1)5%硝酸酒精溶液 2)75mL盐酸+25mL硝酸	侵蚀碳钢部分 侵蚀Fe_3Al部分
Fe_3Al+不锈钢	75mL盐酸+25mL 硝酸	同时侵蚀Fe_3Al和不锈钢,但Fe_3Al的侵蚀时间长于不锈钢的侵蚀时间

（3）焊接接头金相检测的内容 焊接接头金相检测，一般先进行宏观分析，而后进行有针对性的金相分析。

1）宏观分析。宏观分析包括低倍分析和断口分析。低倍分析可以了解焊缝柱状晶生长变形形态、宏观偏析、焊接缺陷、焊道横截面形状、热影响区宽度和多层焊道层次情况。断口分析可以了解焊接缺陷的形态、产生的部位和扩展情况。通过对焊接接头金相试样的宏观分析，可以检查焊缝金属与母材是否完全熔合并显露出熔合区的位置，研究接头在结晶过程中引起的成分偏析情况。在不便用其他方法检测的产品上，不得已时可以对焊缝进行局部钻孔。使用钻孔直径较焊缝宽度大 2～3mm 的钻头钻取。可以检测焊缝金属内的气孔、夹渣、裂纹和未焊透等缺陷。

在大型焊件断裂的事故现场，宏观分析经常是唯一的分析手段。通过分析，可以根据断口各区形貌及放射线的方向，确定出断裂源，为微观分析取样提供依据。另外，通过观察、分析断口表面的颜色、是否有金属光泽、表面粗糙度、断口纹理（人字纹、疲劳纹等）、断口边缘的形貌（剪切唇及延性变形大小）等，初步判断破坏的性质。把断开的两个残片匹配在一起，缝隙较宽处为裂纹源区；断口上有人字形花样，而无应力集中时，人字形花样的交汇处为裂纹源区；如果断口上有放射形花样，放射线的发源处为裂纹源区；断口表面无剪切唇处，通常也为裂纹源区。断口颜色主要是氧化色、腐蚀痕迹和夹杂物的特殊颜色，如断口面有氧化铁时，断口发红。

2）显微金相分析。显微金相分析是焊接金相分析中工作量最大、内容最丰富的分析项目，主要包括焊缝和焊接热影响区的组织类型、形态、尺寸、分布等内容。焊缝的显微组织有焊缝铸态一次结晶组织和二次固态相变组织。一次结晶组织分析是针对熔池液态金属经成核、长大，即结晶后的高温组织进行分析。一次结晶常表现为各种形态的柱状晶组织。

二次固态相变组织是高温奥氏体经连续冷却相变后，在室温下的固态组织。焊缝凝固所形成的奥氏体主要发生向铁素体和珠光体的相变。相变后的组织主要是铁素体和珠光体，有时受冷却条件的限制，还会有不同形态的贝氏体和马氏体组织。

低碳低合金钢焊缝金属在连续快速冷却条件下，可形成条状马氏体。在光学显微镜下条状马氏体的组织特征是在奥氏体晶粒内部形成细条状马氏体板条束，在束与束之间有一定的角度。当焊缝金属的碳含量较高时，会形成片状马氏体。在光学显微镜下，片状马氏体的组织特征是马氏体互相不平行，先形成的马氏体片可贯穿整个奥氏体晶粒，后形成的马氏体片受到先形成的马氏体片的限制，尺寸较小，马氏体片之间也呈一定的角度。

焊接热影响区的组织情况非常复杂，尤其是靠近焊缝的熔合区和过热区，常存在一些粗大组织，使接头的冲击韧性和塑性大大降低，同时也常是产生脆性破坏裂纹的发源地。

观察分析焊接接头显微组织时，对于常用的钢材、正常焊接工艺条件下的组织分析和鉴别，可以根据形态特征加以辨认。对于焊缝中非典型的组织形态（如混合组织），可根据化学成分、焊接参数、冷却条件以及该材料的连续冷却转变图推测可能产生的组织类型、形态、数量和分布。

3）定量金相分析。显微组织分析除定性研究外，有时需要进行定量研究。定量金相分析的常用方法有比较法、计点法、截线法和截面法。比较法是将被测相与标准图进行比较，和标准图中哪一级接近就定为哪一级，如晶粒度、夹杂物及偏析等都可以用比较法判定其级别。比较法简便易行，但误差较大。

计点法一般常选用 3mm×3mm、4mm×4mm、5mm×5mm 的网络进行测量。截线法是采用有一定长度的刻度尺来测量单位长度测试线上的点数 p。截面法是用带刻度的网络来测量单位面积上的交点数 p 或单位面积上的物体个数 n，也可以测量单位面积上被测相所占的面积百分比。

近年来开发的焊接金相自动图像分析仪是结合光学、电子学和计算机技术对金属显微组织图像进行计算机智能化分析的自动图像分析系统。其中成像系统主要是将试样的光学显微组织转化成电子图像，以便于计算机进行图像处理和数据分析。采用计算机智能化金相分析，可用于实现晶粒度的测量与分析（包括体积分数、平均直径和质点间的平均距离等）和非金属夹杂物的测量与显微评定（包括等效圆直径、面积百分数、形状参数及分布状态等）。

4）电子显微分析。在光学显微镜下，细小的组织、析出相、缺陷和夹杂物等难以分辨时，或需要确定微区成分时，常规的光学方法很难，这就需要采用适当的电子显微方法做进一步的分析。

采用电子显微镜可对晶界的结构、位错状态及行为、第二相结构、夹杂物的种类和成分、晶间薄膜、脆性相、超显微的组织结构、裂纹或断口形貌特征及其上面富集的物质、焊接接头中微量元素的含量及分布等进行分析。

电子显微分析方法有扫描电镜、透射电镜、X射线衍射、微区电子衍射和电子探针等。

3. 金属焊接工艺缺陷

（1）焊接缺陷的概念 在焊接生产过程中要获得无缺欠的焊接结构（件），在技术上是相当困难的，也是不经济的。为了满足焊接结构（件）的使用要求，应该把缺欠限制在一定的范围之内，使其对焊接结构（件）的运行不致产生危害。依据GB/T 6417.1—2005《金属熔化焊接头缺欠分类及说明》，在焊接接头中因焊接产生的不连续、不致密或连接不良的现象，称为焊接缺欠，简称为"缺欠"（Welding Imperfection）。超过规定限值的缺欠，称为焊接缺陷（Welding Defect）。由于不同的焊接结构（件）使用的场合不同，对其质量要求也不一样，因而对缺欠的容限范围也不相同。

（2）焊接缺陷的分类和主要特征 在国家标准中根据缺欠的性质、特征分为六大类，即焊接裂纹、孔穴、固体夹杂、未熔合及未焊透、形状和尺寸不良和其他缺欠。每种缺欠根据其位置和形状又进行了分类。

1）焊接裂纹。焊接裂纹是指金属在焊接应力及其他致脆因素共同作用下，焊接接头中局部地区金属原子结合力遭到破坏而形成新界面所产生的缝隙。它具有尖锐的缺口和长宽比大的特征。裂纹是危害最严重的缺陷，也是熔化焊接头中可能出现的缺陷。常见裂纹形式如图1-12所示。

2）孔穴。孔穴类缺欠主要是气孔，还有可能存在缩孔。

焊接时，熔池中的气泡在凝固时未能逸出而残留下来所形成的孔穴称为气孔。气孔有时以单个出现，有时以成堆的形式聚集在局部区域，其形状有球形、虫形和链状等。常见气孔形式如图1-13所示。

3）固体夹杂。主要是焊缝中存在固体杂物，以夹渣和夹杂物为主。

① 夹渣。焊后残留在焊缝中短小的焊渣或焊剂渣称为夹渣。它的形状较复杂，一般有线状、长条状、颗粒状及其他形式。它主要发生在坡口边缘和每层焊道之间非圆滑过渡的部位，在焊道形状发生突变或存在深沟的部位也容易产生夹渣。在横焊、立焊或仰焊时产生的夹渣比平焊多。当混入细微的非金属夹杂物时，在焊缝金属凝固过程中可能产生微裂纹或孔洞。常见夹渣形式如图1-14所示。

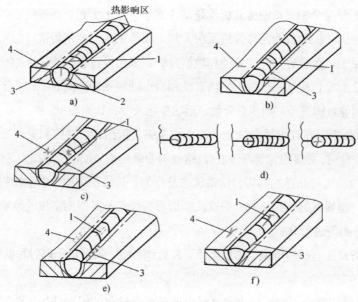

图 1-12 常见裂纹形式

a）纵向裂纹 b）横向裂纹 c）放射状裂纹 d）弧坑裂纹 e）间断裂纹群 f）柱状裂纹

1—焊缝金属 2—熔合线 3—热影响区 4- 母材金属

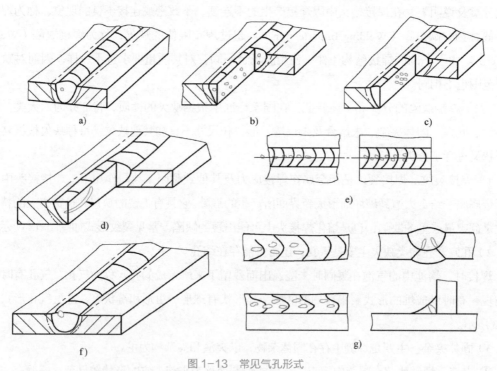

图 1-13 常见气孔形式

a）球形气孔 b）均布气孔 c）局部密集气孔 d）条形气孔 e）链状气孔 f）表面气孔 g）虫形气孔

② 夹杂物。夹杂物是焊后残留在焊缝金属中的微观非金属杂质（如氧化物、硫化物）。它同样有线状、长条状、颗粒状及其他形式。这类缺欠中有一些在无损检测时也很难发现。例如：进行钨极氩弧焊时，若钨极不慎与熔池接触，会使钨的颗粒进入熔池金属中而造成夹钨。焊接镍铁

合金时，则其与钨形成合金，X 射线检测时很难发现。

4）未熔合及未焊透。

① 未熔合。在焊道与母材之间或焊道与焊道之间未完全熔化结合的部分称为未熔合。它常出现在坡口的侧壁、多层焊的层间及焊缝的根部。这种缺陷有时间隙很大，与焊渣难以区别。有时虽然结合紧密但未焊合，往往从未熔合区末端产生微裂纹。常见未熔合形式如图 1-15 所示。

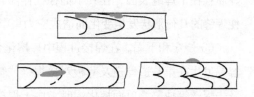

图 1-14　常见夹渣形式

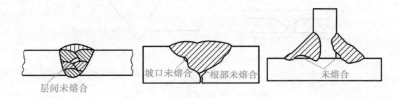

图 1-15　常见未熔合形式

② 未焊透。焊接时，接头根部未完全熔透的现象称为未焊透。它常出现在单面焊的坡口根部及双面焊的坡口钝边。未焊透会造成较大的应力集中，往往从其末端产生裂纹。常见未焊透形式如图 1-16 所示。

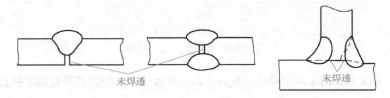

图 1-16　常见未焊透形式

5）形状和尺寸不良。主要是焊缝的外表面形状和接头的形状不良或焊缝尺寸不符合要求等。

① 咬边。由于焊接参数选择不当，或操作方法不正确，沿焊趾的母材部位（或前一道熔敷金属）产生的沟槽和凹陷称为咬边。在立焊及仰焊位置容易发生咬边，在角焊缝上部边缘也容易产生咬边。常见咬边形式如图 1-17 所示。

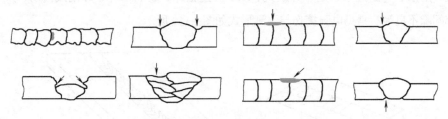

图 1-17　常见咬边形式

② 焊缝超高。对接焊缝表面金属过多。

③ 凸度过大。角焊缝表面金属过多。

④ 焊瘤。焊接过程中，熔化金属流淌到焊缝之外未溶化的母材上所形成的金属瘤称为焊瘤。

焊瘤存在于焊缝表面，在其下面往往伴随着未熔合、未焊透等缺陷。由于焊缝填充金属的堆积，使焊缝的几何形状发生变化而造成应力集中。常见焊瘤形式如图 1-18a 所示。

⑤ 烧穿和下塌。在焊接过程中，熔化金属自坡口背面流出，形成穿孔的缺陷称为烧穿。烧穿容易发生在第一道焊道及薄板对接焊缝或管子对接焊缝中。在烧穿的周围常有气孔、夹渣、焊瘤及未焊透等缺陷。单面熔化焊时，由于焊接工艺不当，造成焊缝金属过量透过背面，而使焊缝正面塌陷，背面凸起的现象称为下塌。常见烧穿和下塌形式如图 1-18b、c 所示。

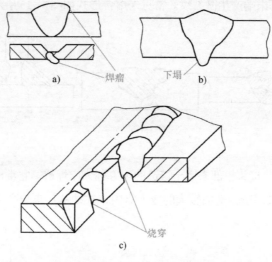

图 1-18　常见焊瘤、烧穿和下塌形式

a）焊瘤　b）烧穿　c）下塌

⑥ 错边和角变形。由于两个焊件没有对正而造成板的中心线出现平行偏差称为错边。由于两个焊件没有对正而造成它们的表面不平行或未达到预定的角度称为角变形。

⑦ 焊缝尺寸、形状不合要求。焊缝的尺寸缺陷是指焊缝的几何尺寸不符合标准的规定。焊缝形状缺陷是指焊缝外观质量粗糙、鱼鳞波高低和宽窄发生突变，焊缝与母材非圆滑过渡等。

⑧ 未焊满。因焊接金属填充不足，在焊缝表面上产生纵向连续或间断的凹槽。

6）其他缺欠。它包括的种类较多，表现出来的主要特征也各不相同，主要有电弧擦伤、飞溅、表面撕裂、磨痕、打磨过量、定位焊缺欠、双面焊道错开、表面鳞片、焊剂残留物、残渣及角焊缝的根部间隙不良等。常见电弧擦伤与飞溅形式如图 1-19 所示。

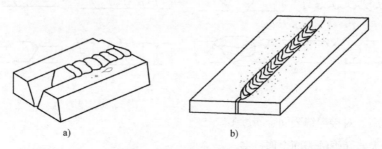

图 1-19　常见电弧擦伤与飞溅形式

a）电弧擦伤　b）飞溅

（3）焊接缺陷形成的主要原因　焊接缺陷形成的主要原因是：间隙、错边不符合要求，长度方向尺寸不相同及存在强行装配现象；焊接规范、坡口尺寸和角度选择不当；运条方式选择不当；焊条角度和摆动不正确；焊接顺序不合理；收缩余量设置不当；焊条选择不当；焊缝表面不净；焊接材料没有进行很好的烘干；保护效果不好，熔池中溶入过多的 H_2、N_2 及冶金反应产生的 CO 气体等；熔池中含有较多的 S、P 等有害元素，含有较多的 H，结构刚度大和接头冷却速度太快等。

（4）焊接缺陷的防止方法　实际上焊接缺陷的产生过程十分复杂，与被焊材料的焊接工艺性有关，既有冶金的原因，又有应力和变形的作用。通常焊接缺陷容易出现在焊缝及其附近区域，而这些区域正是结构中拉伸残余应力最大的地方。

产生焊接缺陷的因素是多方面的。不同的缺陷，影响因素有所不同，防控的措施也不相同。一般需要严格进行坡口的制造及装配；严格进行焊接材料的管理与使用；严格焊接规范；严格进行焊接表面的清洗；严格焊接操作工艺；严格进行焊接检测等。

（5）焊接缺陷对质量的影响　焊接缺陷对质量的影响，主要是对结构负载强度、耐蚀性和致密性等方面的影响。由于缺陷的存在减小了焊缝承载的有效截面积，更主要的是在缺陷周围产生了应力集中，因此，焊接缺陷对结构的静载强度、疲劳强度、脆性断裂以及抗应力腐蚀开裂都有重大的影响。各类缺陷对结构的危害程度不一样。

焊接裂纹是焊接接头中最重要的缺陷，危害性极大，是导致焊接结构及压力容器事故的主要原因。一般认为，结构中缺陷造成的应力集中越严重，脆性断裂的危险性越大。脆断是一种低应力下的破坏，而且具有突发性，事先难以发现和加以预防。裂纹在其尖端存在着缺口效应，容易出现三向应力状态，会导致裂纹的失稳和扩展，以致造成整个结构的断裂。焊接裂纹对焊件质量的影响程度不仅与裂纹的尺寸、形状有关，而且与其所在的位置有关。如果裂纹位于拉应力区，则可引起低应力破坏；若位于结构的应力集中区，则更危险。裂纹位于焊缝的表面比位于焊缝的内部影响更大，同时也与载荷的方向有关。如果加载方向垂直于裂纹的平面，则裂纹两端会引起严重的应力集中。

焊缝中的气孔一般呈单个球形、条形或虫形，因此气孔周围应力集中并不严重。焊缝中的夹杂物具有不同的形状和包含不同的材料，但其周围的应力集中与孔穴有类似之处。当夹渣形成尖锐的边缘时，对疲劳强度的影响十分明显。若焊缝中存在着密集气孔或夹渣时，在负载作用下，可能出现气孔间或夹渣间的连通（即产生豁口），则将导致应力区的扩大和应力值的上升。若深缝中出现成串或密集气孔时，由于气孔的截面较大，同时还可能伴随着焊缝力学性能的下降（如氧化等），使强度明显地降低。因此，成串气孔要比单个气孔危险得多。这类缺陷面积较小、数量较少时，引起的应力集中不大，对焊缝的抗疲劳能力影响也不大。

未熔合及未焊透比气孔和夹渣的危害更大，它们不仅降低了结构的有效承载截面积，而且更重要的是产生了应力集中，有诱发脆性断裂的可能。

此外，对于咬边、下塌、焊瘤、错边和角变形等焊接缺陷，不同的缺陷形式对焊接质量影响的程度各不相同，需根据具体情况应用一般缺陷分析的方法进行具体分析确定。咬边对疲劳强度的影响比气孔、夹渣大得多。一般这类缺陷不仅会造成焊缝成形不美观，也会引起应力集中或者产生附加的应力，很易产生疲劳裂纹而造成疲劳破坏。错边和角变形易引起附加的弯曲应力，对结构的脆性破坏也有影响，并且角变形越大，破坏应力越低。这类缺陷也会引起应力集中，也可能降低焊缝的抗疲劳破坏能力。

其他缺陷，如电弧擦伤会在引弧处产生对母材金属表面的局部损伤。如果在坡口外随意引弧，则可能形成凹坑而引起裂纹，又很易被忽视、漏检，导致事故的发生。

通常应力腐蚀开裂总是从表面开始。如果焊缝表面有缺陷，则裂纹很容易在这里形核。焊缝的表面粗糙度、结构上的死角、拐角、缺口、间隙等都对应力腐蚀有很大影响。这些外部缺陷使浸入的介质局部浓缩，加快了电化学过程的进行和阳极的溶解，为应力腐蚀裂纹的成长提供了方便。同样应力集中对腐蚀疲劳也有很大影响。焊接接头的腐蚀疲劳破坏，大都是从焊趾处开始，然后扩展，穿透整个截面，导致结构的破坏。

综上所述，焊接缺陷对质量的影响包括以下几个方面。

1）引起应力集中。

2）减小承载面积，降低焊缝的静载强度。

3）引起脆性断裂。

4）对疲劳强度的影响要比静载强度大得多。

5）对应力腐蚀开裂有很大影响。

4. 焊接无损检测课程

（1）课程特点　焊接无损检测是焊接技术与自动化专业的重点建设课程和核心课程。它本身并非一种生产技术，但是其具有多学科性，是以近代物理学、化学、力学、电子学和材料科学为基础，具有更大的多学科性和实践性。焊接检测是践行全面质量管理科学的重要组成部分，其不仅涉及力、热、磁、声、光、电各领域，同时需要多方调查、检测、监测，综合多种方法获得的各种信息后才能对焊接结构（件）的安全可靠性做出合理和准确的评价。

它的实践性，是因为检测人员要对焊接缺陷的产生、存在及对产品性能的影响有深刻的理解，检测人员的质量综合评定能力与其实践经验密切相关。在依据标准、法规、检测规程及工程图样等进行相应的检测工作的同时，还有很多技术内容需要在实践过程中形成和升华。所以检测人员（尤其无损检测人员）的资格鉴定和认可，与其从事的工作经历和培训情况密切相关，只有经过较长时期的严格实践锻炼才能胜任。

（2）课程地位　焊接的实质就是要形成质量良好的焊接接头，焊接的本质确定焊接接头内部组织和质量是不均匀的，不可避免地会出现和存在一定的缺陷。焊接生产要求生产出绝对健全的焊接接头是不现实也不经济的，这就使得在进行质量控制时，无损检测成为必备条件。换而言之，高质量的焊接接头必须进行无损检测，良好的焊接质量在某种程度上依赖于无损检测技术手段的合理应用。

（3）课程目的　本课程是集焊接检测操作、工艺制订、产品质量评定于一体的，着重培养学生工作能力的课程，所以通过本课程的学习与训练，能使学生掌握焊接检测的基本知识，熟悉焊接生产中常用的检测方法，具备制订检测工艺、进行主要无损检测设备及仪器操作、签订检测报告等工作的基本能力和评定焊接质量等级、进行生产质量管理的初步能力。最终达到使学生具备焊接接头无损检测的综合运用能力。

本课程以一线无损检测人员的实际工作技能培养为主线、以工学结合为主要手段、以能力培养为核心，着重培养学生焊接接头无损检测的综合运用能力和职业素质。从焊接技术与自动化职业岗位群分析可以看出，焊接质量检测与控制岗位是本专业人才培养的主要岗位之一。所以本课程的任务是培养焊接检测岗位的高素质劳动者和高级技术应用型人才。

（4）课程要求

1）掌握焊接常用检测方法基本原理、适用范围。

2）正确选用无损检测设备及仪器，熟悉基本操作技能。

3）掌握有关检测标准、缺陷识别知识，正确选择合适的检测方法，制订检测工艺。

4）具有一定评定焊缝质量等级、进行质量分析、改进焊接技术、进而提高产品质量的能力。

课 业 任 务

一、选择题

1. 压力容器对接接头的无损检测比例一般分为_____和_____两种。

    A. 100%，50%　　　　　B. 100%，30%　　　　　C. 全部，局部

2. 在国家标准中根据缺欠的性质、特征分为_____大类。

    A. 六　　　　　　　　　B. 五　　　　　　　　　C. 四　　　　　　　　　D. 七

3. 焊接时熔池中的气泡在凝固时未能逸出而残留下来所形成的孔穴，称为_____。

    A. 夹渣　　　　　　　　B. 气孔　　　　　　　　C. 烧穿　　　　　　　　D. 缩孔

4. 钢材受外力而产生变形，当外力除去后，不能恢复原来形状的变形称为_____。

    A. 弹性变形　　　　　　B. 塑性变形　　　　　　C. 弹性　　　　　　　　D. 塑性

5. 熔池中的低熔点共晶物是形成_____的主要原因之一。

    A. 热裂纹　　　　　　　B. 冷裂纹　　　　　　　C. 再热裂纹　　　　　　D. 应力腐蚀裂纹

二、判断题

1. 质量控制是为保证产品的使用安全，要求把缺陷尽可能地降到最低限度。（　　　　）

2. 凡承受流体介质压力的密闭设备，统称为压力容器。（　　　　）

3. 目前焊缝的无损检测技术足以检出所有焊接缺陷。（　　　　）

4. 各种无损检测方法都具有各不相同的特点，也有各自的适用范围，没有一种方法是万能的。（　　　　）

5. 未焊透为面积型缺陷，未熔合为体积型缺陷。（　　　　）

三、简答题

1. 叙述无损检测的基本概念。

2. 无损检测与破坏性检测相比，具有哪些特点？

3. 无损检测的结果若有不合格时，应如何处理？

项目二
目视检测

目视检测是一种表面检测方法，其应用范围相当广泛，不但能检测焊件的几何尺寸、结构完整性和形状缺陷等，而且还能检测焊件表面上的缺陷和其他细节。

任务一　目视检测

知识目标

1）掌握目视检测的基础知识，对目视检测有正确、全面认识。

2）了解目视检测设备与仪器，掌握目视检测所用设备与仪器的类型及适用条件。

能力目标

1）能够对焊缝进行目视检测前的准备。

2）掌握焊接检验尺的使用方法：会使用焊接检验尺进行焊缝余高、宽度和错边量的测量；会使用焊接检验尺进行焊脚尺寸、角焊缝厚度、角度和间隙的测量；会使用焊接检验尺进行咬边深度的测量。

任务描述

正确使用焊接检验尺，并对焊缝进行余高、宽度、错边量、焊脚尺寸、角焊缝厚度、咬边深度、角度和间隙等的测量。

知识准备

1. 目视检测概述

目视检测（VT）在国内实施得比较少，但在国际上却非常受重视，被视为无损检测第一阶段的首要方法。按照国际惯例，要先做目视检测，以确认不会影响后面的检测，再接着做四大常规检测。

（1）基本概念　目视检测是用人的眼睛或借助于光学仪器对工业产品表面做观察或测量的一种检测方法。人眼观察是最通常和最简便的方法，也可以借助一些光学仪器和设备，用探视的方法进行观测。目视检测是焊接无损检测中重要的第一个环节。

与其他表面检测方法相比，目视检测的主要优点如下。

1）原理简单，易于掌握和理解。

2）不受或很少受被检产品的材质、结构、形状和尺寸等因素的影响。

3）无须复杂的设备器材，检测结果直观、真实、可靠和重复性好等。

目视检测的局限性如下。

1）受到人眼分辨能力和仪器分辨率的限制，目视检测不能发现表面上非常细微的缺陷。

2）在观察过程中由于受到表面照度、颜色的影响，容易发生遗漏现象。

目视检测常常用于检查焊缝。焊缝本身有工艺评定标准，可以通过目测和直接测量尺寸来做初步检验，发现咬边等不合格的外观缺陷。发现缺陷时应先打磨或者修整，之后再做其他深入的仪器检测。

（2）目视检测的必要条件

1）光源。在目视检测中，光照是必要条件之一。合适的照明条件是保证目视检测结果正确的前提。由于人眼对背景光的限制和敏感程度不同，不同的光照将产生不同的效果，所以根据检测对象和环境，制定出具体的照度范围是必要的。一般检测时，至少要有160lx的光照强度，而用于检测或研究一些小的异常区时，则至少要有540lx的光照强度。光源可以是自然光源（日光），也可以是人工光源，可视具体情况进行选择。

2）目视检测的分辨率。目视检测使用的基本工具是人眼。影响目视的因素包括照在被检物体上的光线波长或颜色、光强以及物体所处现场的背景颜色和结构等。反差很重要，例如白色背景中的红线，能在白色光中被看见，但在淡蓝色光中能看得更清楚。如果红色光照着整个现场，那么实际上就看不见这根红线了。因此，同样的缺陷由于背景光的不同，将产生不同的视觉效果。同时，应避免光线闪耀刺眼。有时为了清楚显示缺陷，需要改变光线的入射方向，这也是为了使背景光产生更好的视觉效果。

正常的人眼，在平均视野下，能看清直径大约为0.25mm的圆盘和宽度为0.025mm的线条。正常人眼不能聚焦的距离小于150mm，此时，需要借助光学仪器，才能使被检物体由不可见变为可见。

人眼与被检表面的距离不大于600mm，与被检表面夹角大于30°，自然光源或人工光源的条件下，能在18%中性灰度纸板上分辨出一条宽度为0.8mm的黑线，以此作为目视检测必须达到的分辨率（图2-1）。

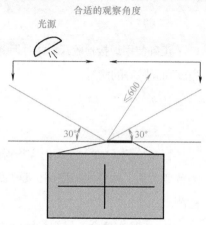

图2-1　分辨率测定示意图

（3）目视检测的方法　目视检测可分为直接目视检测和间接目视检测两种检测技术。

1）直接目视检测（图2-2）。直接目视检测是直接用人眼或使用放大倍数为6倍以下的放大镜，对试样进行检测。在进行直接目视检测时，应当能够充分靠近被检试样，使人眼与被检试样表面的距离不超过600mm，人眼与被检表面所成的夹角大于30°。检测区域应有足够的照明条件，一般检测时，至少要有160lx的光照强度，但不能有影响观察的刺眼反光，特别是对有光泽的金属表面进行检测时，不应使用直射光，而要选用具有漫散射特性的光源，通常光照强度不应大于2000lx。对于必须仔细观察或发现异常情况，需要做进一步观察和研究的区域，则至少要保证有540lx的光照强度。

直接目视检测应能保证在与检测环境相同的条件下，清晰地分辨出18%中性灰度纸板上的一条宽度为0.8mm的黑线。

2）间接目视检测（图2-3）。无法直接进行检测的区域，可以辅以各种光学仪器或设备进行间接检测，如使用反光镜、望远镜、工业内窥镜，光导纤维或其他合适的仪器或设备进行检测。把不能直接进行检测而借助于光学仪器或设备进行目视检测的方法称为间接目视检测。间接目视检测必须至少具有直接目视检测相当的分辨能力。

在实际工作中，有些区域，既无法进行直接目视检测，又无法使用普通光学设备进行间接目视检测，甚至这些区域附近工作人员无法较长时间停留，或根本无法接近。例如：对核电站蒸汽

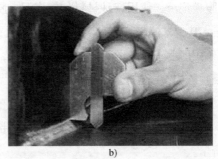

a)　　　　　　　　　　b)

图 2-2　直接目视检测

发生器一次侧管板和传热管二次侧进行目视检测时，由于附近区域放射性剂量相当高，人在这样的区域长时间工作是不适合的；对反应堆压力容器内壁、接管段等进行目视检测时，由于环境放射性剂量相当高，并且反应堆压力容器中又充满了水，人根本无法靠近。因此，必须使用专用的机械装置加光学设备对这些设备进行目视检测。使用专用的机械装置加光学设备，人在相对远和安全的地方通过遥控技术对设备进行目视检测的技术称为遥测目视检测技术。遥测目视检测技术属于间接目视检测技术。当然，遥测目视检测同样必须至少具有与直接目视检测相当的分辨能力。

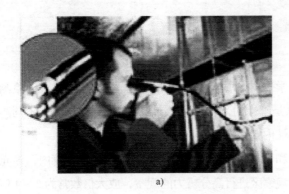
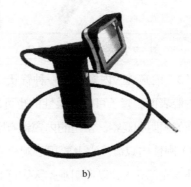

a)　　　　　　　　　　b)

图 2-3　间接目视检测

（4）图像记录　图像记录一般分为纸质记录、照片记录、录像记录和腹膜记录等多种方法。

1）纸质记录。这是一种最常用的方法，适用于各种不同的场合，通过观察对发现的问题用文字描述结合绘制简图的方法进行记录。它常用于单件试样的直接目视检测，具有成本低、经济性好的特点，但是对图像的记录不够直观、准确，只能绘制形状较为简单的试样和缺陷。

2）照片记录。使用普通照相机或数码照相机对观察发现的问题进行拍摄，记录在感光胶片上，通过冲洗得到便于观察的照片；或记录在存储介质上，通过计算机屏幕观察，也可以与普通感光胶片一样冲洗成照片后，进行观察分析。照片记录具有图像清晰直观、真实、成本低和经济性好等特点。但是所记录的图像往往比实际的缺陷小，有时受环境、背景的影响较难一次全面记录缺陷。

3）录像记录。使用普通摄像机或数码摄像机对观察发现的问题进行拍摄或对整个检测区域进行拍摄，记录在磁带或储存器上，然后通过放录系统重现所摄图像，其具有图像清晰、直观和真实等特点，但是使用摄像机要有较高的专业技能，否则所摄图像容易产生抖动、模糊等现象。

4）腹膜记录。使用特种材料如橡皮泥、胶状树脂等对缺陷进行印膜，适用于记录表面不规则类缺陷，其记录的印膜与真实缺陷凹凸相反，大小相同，有助于缺陷大小、深度精确测量和永久保存。使用腹膜记录对操作者有较高的要求，揭膜时必须小心以防印膜损坏。

2. 目视检测设备与仪器

（1）放大镜　放大镜是观察小于0.2mm的物体的一种最简单的光学仪器，放大倍数一般在6倍以下。为使用方便，通常选用带有手柄、带照明和透镜直径一般为80～150mm的放大镜，如图2-4所示。

（2）望远镜　望远镜是能把远方很小物体的张角按一定的倍率放大，使其在像空间具有较大的张角，使本来无法用人眼看清或分辨的物体变得清楚可见，如图2-5所示。

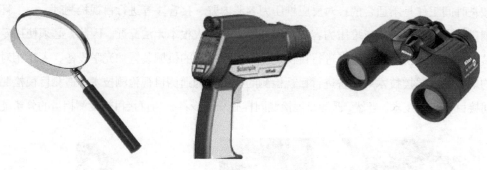

图2-4　放大镜　　　　　　　　　　　　　　　　图2-5　望远镜

（3）内窥镜　内窥镜是一种管状光学仪器，用于检测管件内表面或其他人眼难以检测到的工件内腔表面。管子可以是柔性的也可以是刚性的，有各种长度和直径，以便适用于不同距离工件表面的照明和观察。常用的内窥镜有刚性内窥镜、柔性内窥镜和视频内窥镜。

1）刚性内窥镜。它主要用于观察者和观察区之间是直通道的场合。不锈钢管内，导光束将光从外部光源导入，以照明观察区。可对观察区进行高分辨力的观察，放大倍数常为3～4倍，也有50倍的。刚性内窥镜视频成像原理如图2-6所示。常见的刚性内窥镜形式如图2-7所示。

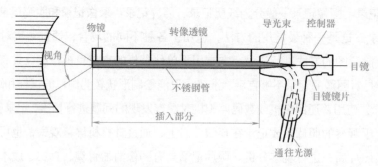

图2-6　刚性内窥镜视频成像原理

2）柔性内窥镜。它主要用于观察者和观察区之间无直通道的场合。典型的柔性内窥镜由物镜先端部、弯曲部、柔软部、操作部和目镜组成。导光束和用以操纵头部角度的钢丝等均装在镜筒中。柔性内窥镜视频成像原理如图2-8所示。

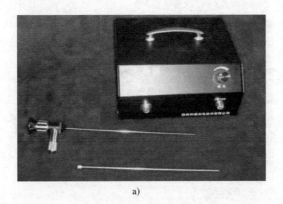
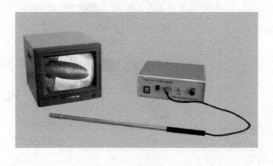

a)　　　　　　　　　　　　　　　　b)

图 2-7　常见的刚性内窥镜形式

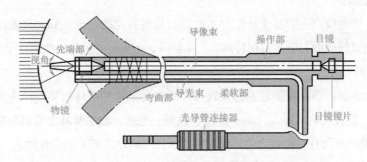

图 2-8　柔性内窥镜视频成像原理

3）视频内窥镜。它可提供高分辨率、高清晰度的图像，具有更大的灵活性。典型的视频内窥镜由先端部、弯曲部、柔软部、控制部以及视频内窥镜控制组和监视器组成。通过物镜成像传至 CCD 靶面上，然后 CCD 把光像变成电子信号，把数据传至视频内窥镜控制组，再由该控制组把影像输出至监视器或计算机上。视频内窥镜视频成像原理如图 2-9 所示。常见的视频内窥镜形式如图 2-10 所示。

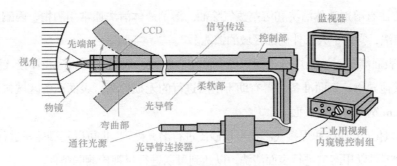

图 2-9　视频内窥镜视频成像原理

3. 目视检测的方法

（1）试样的确认　目视检测开始前，首先应根据工作指令对试样进行确认，以防误检和漏检。对于大批量试样应核对批号和数量；对于单件小批量试样应核对试样编号或其他识别标志；对于容器类设备应核对铭牌。

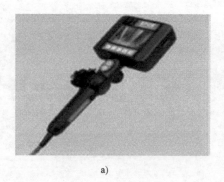 

a)　　　　　　　　　　　　b)

图 2-10　常见的视频内窥镜形式

（2）表面清理

1）目的。目视检测主要基于缺陷与本底表面具有一定的色泽差和亮度差而构成可见性来实现的。因此，当试样表面有影响目视检测的污染物时，必须将这些污染物清理干净，以达到全面、客观和真实地观察目的。

2）污染物类别。表面需清理的污染物分为固体污染物和液体污染物两大类。固体污染物有铁锈、氧化皮、腐蚀产物、焊接飞溅、焊渣、铁屑、毛刺、油漆及其他有机防护层。液体污染物有防锈油、润滑油及含有有机组分的其他液体，水和水蒸发后留下的水合物。

3）清理方法。常用清理污染物的方法有机械方法、化学方法和溶剂去除方法。

机械方法有抛光、干吹砂、湿吹砂、钢丝刷和砂皮砂等。抛光适用于去除试样表面积炭、毛刺等。干吹砂适用于去除氧化皮、焊渣、铸件型砂、磨料和喷涂层积炭等。湿吹砂适用于清除沉积物比较轻微的情况。钢丝刷、砂皮砂适用于除去氧化皮，焊渣、铁屑和铁锈等。

化学方法有碱洗和酸洗。碱洗适用于去除锈蚀、油污和积炭等，多用于铝合金。强酸溶液适用于去除严重的氧化皮，中等酸度溶液适用于去除轻微氧化皮，弱酸溶液适用于去除试样表面铬层金属。

溶剂去除方法有溶剂液体清洗和溶剂蒸气除油。溶剂液体清洗通常用酒精、丙酮和三氯乙烷等溶剂清洗或擦洗，常用于大部件局部区域的擦洗。

（3）焊缝表面准备　被检焊缝表面应没有油漆、锈蚀、氧化皮、油污和焊接飞溅物或者妨碍目视检测的其他异物，表面准备还得有助于随后进行的无损检测，表面准备区域包括整条焊缝表面和邻近 25mm 宽母材金属表面。

对于锈蚀、氧化皮、油漆和焊接飞溅物可用砂皮进行磨光处理，也可以用砂轮机进行打磨处理；对于油污污染物等可以用溶剂进行表面清洗，以达到可以进行目视检测的条件。

（4）原材料表面准备

1）铸件。铸件加工完成后应经过表面清砂、修整、打磨光滑和表面清洁等处理，方可进行目视检测。

2）锻件。锻件表面应没有氧化皮或者妨碍目视检测的其他异物，可以用砂皮进行磨光处理，也可用钢丝刷进行清理，当然也可将两种方法混合使用，以达到最适合的检测条件。用吹砂清理锻件表面是可以的，但必须防止吹得过重。

3）管材。当被检表面上的锈蚀、氧化皮、不规则、表面粗糙度或污染物形成的不洁度严重到足以淹没缺陷指示，或者当被检表面上具有涂层时，则须对相应的表面进行酸洗或碱洗，喷砂或清洗处理，以使它露出固有色泽，表面清洁和光洁。

任务实施

1. 工作准备

（1）实训设备、仪器及工具准备　在实施目视检测前，必须准备检测所用的基本设备、仪器和工具，如人工光源、反光镜、放大镜、直角尺和焊缝检验尺等。

（2）清理试样表面　清理试样表面，清除其表面的油漆、油污、焊接飞溅物等妨碍表面检测的异物，检测区域通常包括100%可接近的暴露表面，包括整个焊缝表面和邻近的25mm宽的母材金属表面。

2. 工作程序

（1）焊接检验尺　焊接检验尺是用来测量焊接件坡口角度、焊缝宽度和焊接间隙等的一种专用量具。它适用于焊接质量要求较高的产品和部件，如锅炉、压力容器等。它采用不锈钢材料制造，结构合理、外形美观、使用便利、适用性广，是焊工必备的测量工具。

检测用的焊接检验尺、量具和仪器必须经计量检定部门的检验合格。在国内，M306041型检验尺是应用最为普遍的焊接检验尺。该尺被列入机械工业委员会电器局企业标准：JB/DQ 9004—87《工业锅炉质量分等标准》。

（2）对接焊缝余高测量　测量余高时，将高度尺与余高的顶接触，则在高度尺上可读出余高数值，如图2-11所示。

（3）宽度测量　测量焊缝宽度，先用主尺测量角靠紧焊缝一边，然后旋转多用尺的测量角靠紧焊缝的另一边，读出焊缝宽度数值，如图2-12所示。

（4）错边量测量　错边量测量时，先用主尺靠紧焊缝一边，然后滑动高度尺使其与试样的另一边接触，高度尺数值即为错边量，如图2-13所示。

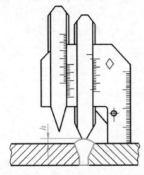
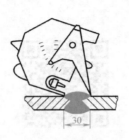
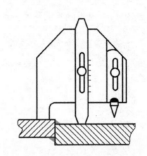

图2-11　对接焊缝余高测量　　　　图2-12　宽度测量　　　　图2-13　错边量测量

（5）焊脚尺寸测量　测量角焊缝的焊脚尺寸时，用主尺的工作面靠紧试样和焊缝，并滑动高度尺与试样的另一边接触，高度尺数值即为焊脚尺寸，如图2-14所示。

（6）角焊缝厚度测量　测量角焊缝厚度时，把主尺的工作面与试样靠紧，并滑动高度尺与焊缝接触，高度尺数值即为角焊缝厚度，如图 2-15 所示。

（7）咬边深度测量　测量平面咬边深度时，先把高度尺对准零位并紧固螺钉，然后使用咬边深度尺测量咬边深度，如图 2-16 所示。测量圆弧面咬边深度时，先把咬边深度尺对准零位并紧固螺钉，把三点测量面接触在试样上（不要放在焊缝处），锁紧高度尺，然后将咬边深度尺松开，将尺放于测量处，活动咬边深度尺，其数值即为咬边深度，如图 2-17 所示。

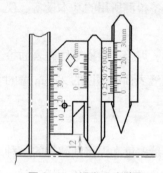

图 2-14　焊脚尺寸测量

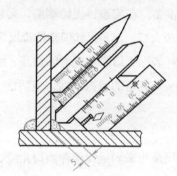

图 2-15　角焊缝厚度测量

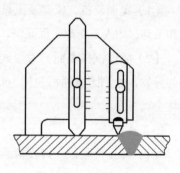

图 2-16　平面咬边深度测量

（8）角度测量　测量角度时，将主尺和多用尺分别靠紧被测角的两个面，其数值即为角度值，如图 2-18 所示。

（9）间隙测量　用多用尺插入两试样之间，测量两试样的装配间隙，如图 2-19 所示。

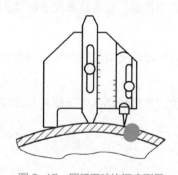

图 2-17　圆弧面咬边深度测量

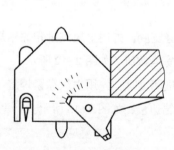

图 2-18　角度测量

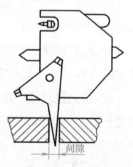

图 2-19　间隙测量

焊接检验尺的使用

课 业 任 务

一、选择题

1. 目视检测可以观察到_____。

    A. 被检件的表面状况　　　　　　　　　　B. 被检件的近表面状况

    C. 被检件的内部状况　　　　　　　　　　D. 被检件的内外部状况

2. 目视检测可以观察评定_____。

    A. 被检件的表面粗糙度　　　　　　　　　B. 被检件的表面整洁程度

    C. 被检件的表面腐蚀情况　　　　　　　　D. B 和 C

3. 在进行直接目视检测时，应当能够充分靠近被检试件，眼睛与被检表面所成的夹角不小于_____。

    A. 30°　　　　　　　B. 45°　　　　　　　C. 60°　　　　　　　D. 15°

4. 照度的单位是_____。

    A. lm　　　　　　　B. cd　　　　　　　C. lx　　　　　　　D. 以上都不是

二、简答题

1. 简述目视检测的概念及主要优缺点。

2. 目视检测用到哪些设备与仪器？

3. 选取视场角度时的考虑因素有哪些？

4. 简述目视检测可以检测到的焊接缺陷。

项目三
射线检测

按照学生的认知规律，分析焊接检测人员工作岗位所需的知识、能力和素质要求，强调教学内容与完成典型工作任务要求相一致，选择焊接接头射线检测方法中典型的工作任务作为教学任务，严格按照相关标准的要求对焊接接头进行射线检测，培养学生的守法意识和质量意识，全面提升学生的行动能力。

任务一　射线检测工艺卡识读与设备、器材准备

知识目标

1）掌握射线检测工艺卡的用途及其识读方法。

2）掌握 X 射线机的分类。

3）掌握工业射线照相胶片的分类。

4）掌握射线检测辅助设备、器材和其使用方法。

5）能够通过识读工艺卡进行射线检测设备、器材的准备。

能力目标

1）能够操作使用射线检测辅助设备、器材。

2）能够通过识读工艺卡进行射线检测设备、器材的准备。

任务描述

通过识读工艺卡完成射线检测设备、器材的准备。

知识准备

1. 射线检测工艺卡的用途及识读

射线检测工艺卡是以表卡形式出现的，根据有关标准、合同委托要求，针对射线检测工序提出具体参数和技术措施的规定性工艺文件。工艺卡的适用对象可能是某一具体产品，或产品上的某一部件，或部件上的某一具体结构。

（1）射线检测工艺卡的用途　射线检测工艺卡中有明确的检测方法、操作程序和确定的检测工艺参数，用以指导检测人员进行射线检测工作。检测人员遵循工艺卡的要求，通常可获得满意的射线检测结果。

表 3-1 是按照行业标准 NB/T 47013.2—2015《承压设备无损检测　第 2 部分：射线检测》的要求，对某一压力管道焊接对接接头进行射线检测而编制的射线检测工艺卡，是最常见的一种工艺卡表现形式。有时为了突出检测工序和各工序的操作要求以及主要工艺参数，射线检测工艺卡也可以表 3-2 的形式出现。

表 3-1　射线检测工艺卡 1

产品编号	YL668	产品名称	压力管道焊接对接接头(B1)	工艺卡号	Yk16059
产品规格/mm	φ377×8	产品材质	12CrMo	焊接方法	焊条电弧焊
执行标准	NB/T 47013.2—2015	检测技术级别	AB	验收等级	Ⅱ
X射线机型号	RH00EG·S2	焦点尺寸/mm×mm	2×2	检测时机	焊接完成至少24h后
胶片类型	AGFA C7	胶片规格/mm×mm	360×100	增感屏/mm	Pb 0.03/0.1(前/后)

（续）

像质计型号	10-Fe-JB		灵敏度值		13		底片黑度		2.0≤D≤4.0
显影液配方	AGFA G135		显影时间/min		10 ~ 15		显影温度/℃		18~22
焊缝编号	焊缝长度/mm	检测比例(%)	透照方式	透照厚度/mm	焦距/mm	透照次数	一次透照长度/mm	管电压kV或源活度/Ci	曝光时间/min
B1	1184	100	双壁单影法	16	510	4	296	140 kV	3

透照布置示意图

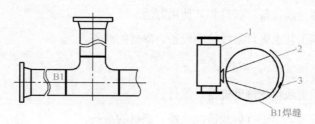

1—X 射线机　2—胶片　3—像质计

技术要求及说明	1)标记摆放按通用工艺规程的规定执行 2)暗袋背面加铅板进行背散射防护 3)当像质计置于胶片侧工件表面时,应在像质计适当位置放置"F"标记,"F"标记应与像质计的标记同时出现在底片上,且应在检测报告中注明 4)像质计放置于1/4胶片位置处,且能够清晰地看到长度不小于10mm连续金属丝影像 5)射线检测时应通过计算或仪器监测划分控制区、管理区,设警示标志、警告牌,必要时设专人警戒 6)检测人员必须佩带剂量仪、报警仪以及个人射线防护用品等

编制	×××(级别)	审核	NDT责任师:×××(级别)
	××××年×月×日		××××年×月×日

表 3-2　射线检测工艺卡 2

工序号	工序名称		操作要求及主要工艺参数
1	检测准备	工件外观检查	表面的不规则状态在底片上的影像不得掩盖或干扰缺陷影像,否则应对表面做适当修整
		检测设备	X射线机型号:RH 00EG·S2 焦点尺寸:2mm×2mm
		胶片	胶片类型:AGFA　C7 胶片规格:360mm×100mm
		增感屏	材质:Pb 厚度:前0.03 mm/后0.1mm
		像质计	型号:10-Fe-JB

（续）

工序号	工序名称		操作要求及主要工艺参数
2	检测操作	检测时机及比例	焊接完成至少24h后,100%检测
		透照方式	双壁单影法
		焊缝长度、透照标记	焊缝长度:1184mm 透照次数:4次;一次透照长度:296mm 中心标记、搭接标记、识别标记(至少包括产品编号、焊接接头编号和片位号、透照日期等)
		像质计摆放	像质计摆放在源侧(或胶片侧)工件表面1/4位置,金属丝横跨焊缝,细丝朝外
		布片	装有胶片的暗袋必须与工件贴紧
		辐射防护	通过计算或仪器监测划分控制区、管理区 设警示标志,如信号灯、铃、警戒绳,并悬挂清晰可见的"无关人员禁止入内"警告牌,必要时设专人警戒 检测人员必须佩带剂量仪、报警仪以及个人射线防护用品等
		曝光	透照厚度:16mm 焦距:510mm 管电压:140kV 曝光时间:3min
		暗室处理	暗室处理方式:手工冲洗 显影液配方:AGFA G135;显影温度:18～22℃;显影时间:10～15min;底片黑度:$2.0 \leqslant D \leqslant 4.0$
3	底片评定	环境要求	评片室应整洁、安静和温度适宜,光线应暗且柔和 评片人员在评片前应经历一定的暗适应时间
		底片质量要求	底片上的定位和识别标记影像应显示完整,位置正确 底片评定范围内的黑度和像质计灵敏度应符合标准规定 底片评定范围内不应存在干扰缺陷影像识别的水迹、划痕、斑纹等伪缺陷影像
		质量分级	按NB/T 47013.2—2015第6条进行读片评定,并进行质量分级
4	后处理	检测现场清理	包括器材的回收整理,工件、场地的清扫等;做到工完料尽场地清,施工环境安全、卫生整洁
		设备的清理与搬运	1)及时收回、整理设备及其附件,并认真清理 2)搬运设备时应小心轻放,不得剧烈振动,以防止X射线管、高压变压器等部件产生故障或损坏
5	检测报告		按NB/T 47013.2—2015第7条签发RT报告
编制	×××(级别)		NDT责任师:×××(级别)
	××××年×月××日	审核	××××年×月××日

（2）射线检测工艺卡的识读　射线检测工艺卡是检测人员对具体检测对象进行射线检测时

必须遵循的工艺性文件，因此，在进行射线检测前应认真识读工艺卡，掌握其中每一栏的含义和要求。以表3-1的射线检测工艺卡为例，识读时一般需要注意以下问题。

1）产品编号、产品名称、产品规格、产品材质和焊接方法栏描述的是检测对象的属性，检测人员应当按以上内容核对、确认被检测对象。

2）工艺卡号是工艺卡的管理属性，是按照无损检测相关的管理程序进行编制的，具有唯一性。检测人员按照工艺卡进行射线检测时应及时做好检测记录，该记录应与工艺卡相对应。

3）执行标准、检测比例、检测技术级别和验收等级是法规属性，由法规、规范或设计文件做出规定，填入工艺卡。检测技术级别涉及多项工艺参数，验收等级则是指检测工件合格与否的质量等级，检测人员可以从工艺卡指定的标准中了解相关条款，在检测工作中严格执行。

4）X射线机型号、焦点尺寸、胶片类型、胶片规格、增感屏、像质计型号、灵敏度值、底片黑度、显影液配方、显影时间和显影温度是技术条件属性，规定了检测工件进行射线检测时所要求的条件，根据本单位的通用工艺选取，并应符合有关标准。

5）检测时机主要根据检测工件缺陷形成的最后时间确定，有时还需考虑前、后道工序对检测适宜性的影响和返修成本而确定。检测人员应当按工艺卡规定的时机实施检测。

6）透照方式、透照厚度、焦距、透照次数、一次透照长度、管电压或源活度和曝光时间等是进行射线检测时所选择的透照工艺参数，是通过查阅标准，必要时通过相关计算获得的。按照这些参数进行透照，可获得满足相关标准要求的检测比例和射线照相灵敏度。

7）透照布置示意图是用来反映射线源、检测工件和胶片等之间相对位置的，必要时也可画入屏蔽措施的示意图。

8）技术要求及说明用来补充说明上述工艺条件和工艺参数的相关内容以及辐射防护和职业安全卫生方面的有关内容。

9）标准规定，工艺卡应由具有相应资格的编制、审核人员签字后才有效，因此，检测人员应当在确认栏内责任人的签字后方可执行该工艺卡。

2. X射线机的分类

工业射线检测用的X射线机可按照其结构、使用性能、工作频率及绝缘介质种类等进行分类。

（1）按结构分类

1）便携式X射线机。便携式X射线机是一种体积小、质量小、便于携带、适用于高空和野外作业的机器，如图3-1所示。它采用结构简单的半波自整流线路，X射线管和高压发生部分共同装在射线机头内，通过一根多芯低压电缆将其与控制箱连接在一起。

2）移动式X射线机。移动式X射线机是一种体积和质量都比较大，安装在移动小车上，在固定或半固定场合使用的机器，如图3-2所示。它的高压发生部分（一般是两个对称的高压发生器）和X射线管是分开的，其间用高压电缆连接。为了提高工作效率，它一般采用强制油循环冷却。

（2）按使用性能分类

1）定向X射线机。定向X射线机是一种普及型、使用最多的机器，其机头产生的X射线辐射方向为40°左右的圆锥角，一般用于定向单张透照检测，如图3-3所示。

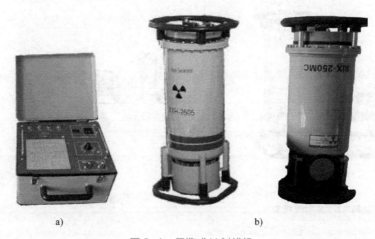

a)　　　　　　　　　　　　b)

图 3-1　便携式 X 射线机

a）X 射线机控制箱　b）X 射线机头（两种形式）

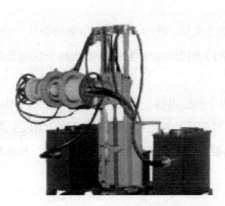

图 3-2　移动式 X 射线机

图 3-3　定向 X 射线机

2）周向 X 射线机。周向 X 射线机产生的 X 射线束向 360° 方向辐射，主要用于大口径管道和容器环焊缝透照检测，如图 3-4 所示。

3）管道爬行器。管道爬行器是为了解决很长的管道环焊缝透照而设计生产的一种装在爬行装置上的 X 射线机，如图 3-5 所示。管道爬行器在管道内爬行时，用一根长电缆提供电力和传输控制信号，利用焊缝外放置的定位装置（通常用一个活度很小的同位素 γ 射线源）确定位置，使 X 射线机在管道内爬行到预定位置进行透照检测。

（3）按工作频率分类　按供给 X 射线管高压部分交流电的频率分类，可分为工频（50 ~ 60Hz）X 射线机、变频（300 ~ 800Hz）X 射线机以及恒频（约 200Hz）X 射线机。在同样的电流、电压条件下，恒频 X 射线机穿透能力最强，功耗最小，效率最高；变频 X 射线机次之；工频 X 射线机最差。

（4）按绝缘介质种类分类　按绝缘介质种类分类，X 射线机可分为绝缘介质为变压器油的油绝缘 X 射线机和绝缘介质为 SF_6 的气体绝缘 X 射线机。油绝缘 X 射线机体积大且比较重；而气体绝缘 X 射线机体积较小，重量较轻。

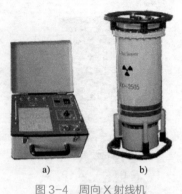

a) b)

图 3-4 周向 X 射线机

a）控制箱 b）X 射线机头

图 3-5 管道爬行器

3. 工业射线照相胶片的分类

工业射线照相胶片的分类，按粒度不同大致可分为微粒、细粒、中粒和粗粒四类；按感光速度不同可分为很低、低、中和高速四类。

目前，规定的胶片分类方法是按胶片系统来划分类别。胶片系统是包括射线胶片、增感屏（材质、厚度）和冲洗条件（方式、配方、温度、时间）的组合。划分类别的指标不仅与胶片有关，而且与增感屏和冲洗条件有关。

胶片分类指标依据的是其成像特性，包括四个特性参数，即 $D=2.0$ 和 $D=4.0$ 时的最小梯度 G_{min}，$D=2.0$ 时的最大颗粒度 $(\sigma_0)_{max}$ 以及 $D=2.0$ 时的最小梯度噪声比 $(G/\sigma_0)_{min}$（以上黑度 D 是净黑度，即除去本底灰雾度 D_0 后的黑度）。各类胶片都有明确的数据指标。目前，标准规定的各类胶片的特性参数指标见表 3-3。

表 3-3 各类胶片的特性参数指标

系统分类	梯度最小值（G_{min}）		颗粒度最大值（σ_0）$_{max}$	（梯度/颗粒度）最小值（G/σ_0）$_{min}$
	$D=2.0$	$D=4.0$	$D=2.0$	$D=2.0$
C1	4.5	7.5	0.018	300
C2	4.3	7.4	0.020	230
C3	4.1	6.8	0.023	180
C4	4.1	6.8	0.028	150
C5	3.8	6.4	0.032	120
C6	3.5	5.0	0.039	100

注：表中的黑度是除去灰雾度后的净黑度。

4. 射线检测辅助设备、器材

（1）黑度计 射线照相底片的黑度在各射线检测标准中都是有要求的。射线照相底片的黑度值大小一般通过透射式黑度计测量得到。黑度计又称为光学密度计，或简称为密度计。

黑度计有指针式和数字显示式两种。目前广泛使用的是数字显示式黑度计，如图 3-6 所示。

（2）增感屏　射线照相底片上的影像主要是靠胶片乳剂层吸收射线产生光化学作用而形成的。为了能吸收较多的射线，射线照相用的感光胶片采用了双面药膜和较厚的乳剂层，即使如此，通常也只有不到 1% 的射线被胶片所吸收，而 99% 以上的射线透射过胶片被浪费。使用增感屏可增强射线对胶片的感光作用，从而达到缩短曝光时间、提高工效的目的。

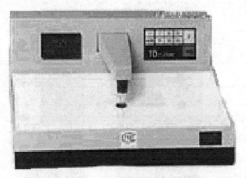

图 3-6　数字显示式黑度计

在射线照相中，与胶片直接接触的金属增感屏有两个基本效应。

1）增感效应。金属增感屏受透射射线激发产生二次电子和二次射线，二次电子与二次射线能量很低，极易被胶片吸收，从而能增加对胶片的感光作用。

2）吸收效应。对波长较长的散射线有吸收作用，从而减少散射线引起的灰雾度，提高影像对比度。

目前，常用的增感屏有金属增感屏、金属荧光增感屏和荧光增感屏三种，其主要性能见表 3-4。

表 3-4　增感屏的分类和主要性能

种类	增感系数	底片像质	使用特点
金属增感屏	低	好	一般增感效应,吸收散射线,减少底片灰雾度
金属荧光增感屏	中	中	较高增感效应,吸收散射线
荧光增感屏	高	差	高增感效应,与增感型胶片组合使用

由于荧光增感屏的荧光体颗粒粗，荧光会发生扩展和散乱传播，加之荧光增感屏不能截止散射线，故所得底片的影像模糊，清晰度差，灵敏度低，缺陷分辨力差，细小裂纹易漏检，因此在射线照相中的使用范围越来越小。为避免危险性缺陷漏检，焊接接头射线照相通常不允许使用荧光增感屏。另外，金属荧光增感屏一般也不用于质量要求高的工件的射线检测。

（3）像质计　像质计是用来检查和定量评价射线照相底片影像质量的工具，又称为影像质量指示器，或简称为 IQI。

像质计通常用与检测工件材质相同或对射线吸收性能相似的材料制作。像质计中设有一些人为的有厚度差的结构（如槽、孔、金属丝等），其尺寸与检测工件的厚度有一定的数值关系。射线照相底片上的像质计影像可以作为一种永久性的证据，表明射线透照检测是在适当条件下进行的，但像质计的指示数值并不等于检测工件中可以发现的自然缺陷的实际尺寸。

工业射线检测用像质计的主要类型有丝型、槽型和阶梯孔型三种，如图 3-7 所示。如果使用的像质计类型不同，即使照相方法相同，一般所得的像质计灵敏度也是不同的。

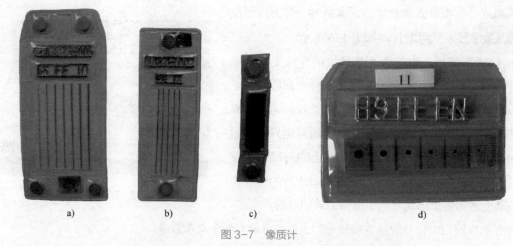

图 3-7 像质计

a）等比金属丝型 b）等径金属丝型 c）槽型 d）阶梯孔型

丝型像质计应用最广泛，金属丝按照直径大小的顺序，以规定的间距平行排列，封装在对射线吸收系数很低的透明材料中。丝型像质计按金属丝直径的变化规律不同，分为等差数列、等比数列、等径和单丝等几种形式。目前应用最为普遍的是等比数列像质计，其公比一般都采用 $\sqrt[10]{10}$（R10 系列），并对丝径予以编号。

（4）其他相关检测辅助器材

1）暗袋。装胶片的暗袋可采用对射线吸收少而遮光性好的黑色塑料膜或合成革制作，要求材料薄、软、滑，如图 3-8 所示。

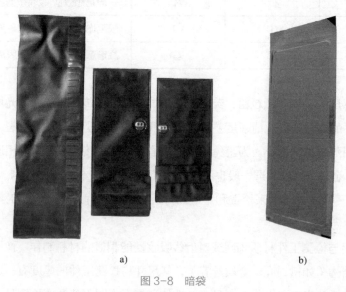

图 3-8 暗袋

a）普通暗袋 b）真空暗袋

暗袋的尺寸，尤其宽度要与增感屏、胶片尺寸相匹配，这样既能方便地出片、装片，又能使胶片、增感屏与暗袋很好地贴合。暗袋的外面画上中心标记线，可以在贴片时方便地对准透照中心。暗袋背面还应贴上铅字"B"标记,以此作为监测背散射线的附件。由于暗袋经常接触工件,极易弄脏,因此要经常清理暗袋表面,如发现破损,应及时更换。

国外还生产一种真空包装的胶片,可直接用于射线照相。真空包装胶片的暗袋由铅箔、黑纸复合而成,暗袋只能一次性使用。由于真空包装,无论胶片是否弯曲,增感屏、暗袋受大气压力作用,始终与胶片紧密地贴合。

2)背防护铅板。为屏蔽后方散射线,应制作一些与胶片(暗袋)尺寸相仿的背防护铅板。背防护铅板由1mm厚的铅板制成。贴片时,将背防护铅板紧贴暗袋,以屏蔽后方散射线。

3)中心指示器。X射线机窗口应装设中心指示器,如图3-9所示。

中心指示器上装有约6mm厚的铅光阑,可有效地遮挡非检测区的射线,以减少前方散射线;还装有可以拉伸、收缩的对焦杆,在对焦时可将拉杆拨向前方,透照时则拨向侧面。利用中心指示器可以方便地指示射线方向,使射线束中心对准透照中心。

图3-9　中心指示器

4)其他小器材。射线照相辅助器材很多,除上述器材外,为方便工作,还应备齐一些小器材,如卷尺、钢印、锤子、照明灯、手电筒、补偿泥、贴片磁钢、胶带、各式铅字、盛放铅字的字盘、画线尺、石笔和记号笔等。

射线照相辅助器材如图3-10所示。

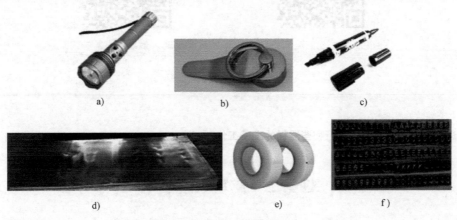

图3-10　射线照相辅助器材

a)手电筒　b)贴片磁钢　c)记号笔　d)背防护铅板　e)胶带　f)各式铅字

任务实施

1.工作准备

根据检测工件名称、材质和规格,申请领取与之相对应的射线检测工艺卡。

2.工作程序

1)仔细识读射线检测工艺卡,充分了解工艺卡中对射线检测设备、器材及相关参数的要求,具体包括X射线机型号,焦点尺寸,胶片类型及规格,增感屏材质及前、后屏厚度和像质计型号等。

2）按工艺卡要求领取 X 射线机，核准其型号；检查外观：机头、控制箱应无损坏；检查控制箱操作面板上的各旋钮：转动灵活，无松动；检查配件：电源电缆和控制箱与机头的连接电缆无破损，电缆头完好，无锈蚀；检查使用有效期：在校验（或期间核查）有效期内；曝光曲线清晰、完整且在校验有效期内。

3）根据工艺卡中的胶片规格领取暗袋、增感屏及胶片，其数量应满足检测工作量的要求，并适当有一些余量；仔细核准暗袋的尺寸，逐一检查暗袋有无破损、封口是否完好；核准增感屏的尺寸及前、后屏的厚度，逐一检查增感屏的前、后屏是否光滑、清洁、完好，有无脱胶、损伤、变形现象；核准胶片的类型和规格。

4）按工艺卡要求领取像质计，核准其型号，数量应满足检测的要求；逐一检查像质计有无破损、弯折。

5）申请领取背防护铅板、中心指示器、卷尺、贴片磁钢、各式铅字、胶带、画线尺、石笔和记号笔等射线照相辅助器材，背防护铅板、卷尺等规格应满足射线检测要求。

6）申请领取与辐射防护有关的设备、器材，具体包括辐射剂量仪、报警仪、信号灯、警戒绳和警告牌等。辐射剂量仪、报警仪须完好，且在检定有效期内。

便携式 X 射线机的操作使用

移动式 X 射线机的操作使用

课 业 任 务

现场进行射线检测时，应进行哪些器材的准备工作？

任务二 暗室处理技术

知识目标

1）掌握射线照相胶片的构造与特点。

2）掌握显影和定影的影响因素。

能力目标

掌握胶片的暗室处理程序和方法。

任务描述

完成胶片的暗室处理。

知识准备

1. 射线照相胶片

胶片可分为普通感光胶片和射线照相胶片（又称为射线胶片、X射线胶片和X光片）。射线照相胶片又分为医用射线照相胶片和工业用射线照相胶片，两者的结构、感光度、梯度和颗粒度均不相同。射线照相胶片如图3-11所示。本书中提到的射线照相胶片默认为工业用射线照相胶片。

（1）射线照相胶片的构造与特点　射线照相胶片不同于普通感光胶片。普通感光胶片只在胶片片基的一面涂布感光乳剂层，在片基的另一面涂布反光膜；而射线照相胶片在胶片片基的两面均涂布感光乳剂层，目的是增加卤化银含量，以吸收较多的穿透能力很强的X射线或γ射线，从而提高胶片的感光速度，同时增加底片的黑度。射线照相胶片的结构如图3-12所示，其厚度为0.25～0.3mm，含有七层材料。

图3-11　射线照相胶片

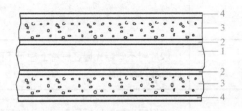

图3-12　射线照相胶片的结构
1—片基　2—结合层　3—感光乳剂层　4—保护层

1）片基。片基是感光乳剂层的支持体，在胶片中起骨架作用，厚度为0.175～0.20mm，大多采用醋酸纤维或聚酯材料（涤纶）制作。

2）结合层（又称为黏合层或底膜）。结合层的作用是使感光乳剂层和片基牢固地黏结在一起，以防止感光乳剂层在冲洗时从片基上脱落。结合层由明胶、水、表面活性剂（润湿剂）和树脂（防静电剂）组成。

3）感光乳剂层（又称为感光药膜）。感光乳剂层每层厚度为10～20μm，通常由卤化银微粒在明胶中的混合体构成。感光乳剂中加入少量碘化银，可改善感光性能。感光乳剂中卤化银的含量，卤化银颗粒团的大小、形状，决定了胶片的感光速度。

4）保护层（又称为保护膜）。保护层是一层厚度为1～2μm、涂在感光乳剂层上的透明胶质，其作用是防止感光乳剂层受到污损和摩擦，主要成分是明胶、坚膜剂（甲醛及盐酸萘的衍生物）、防腐剂（苯酚）和防静电剂。为防止胶片粘连，有时在感光乳剂层上还涂布毛面剂。

（2）射线照相胶片的感光特性　射线照相胶片的感光特性主要包括感光度（S）、梯度（G）、灰雾度（D_0）和宽容度（L）等，见表3-5。

（3）射线照相胶片的使用与保管方法　射线照相胶片使用与保管的注意事项如下。

1）胶片不可接触氨、硫化氢、煤气、乙炔等有害气体和酸，否则会产生灰雾。

2）开封后的胶片和装入暗袋的胶片要尽快使用，如工作量较小，一时不能用完，则要采取干燥措施。

3）胶片宜保存在低温、低湿环境中，温度通常以 10～15℃为最好，湿度应保持在 55%～65%。湿度高会使胶片与衬纸或增感屏粘在一起；但空气过于干燥时，容易使胶片产生静电感光。

4）胶片应远离热源和射线的影响。

5）胶片应竖放，避免受压。

表 3-5　射线照相胶片的感光特性

感光特性	定义	影响因素
感光度(S)	底片获得一定净黑度所需曝光量的倒数	与感光乳剂层中的含银量、明胶成分、增感剂含量以及银盐颗粒大小、形状有关；感光度的测定结果还受到射线能量、显影液配方、温度、时间以及增感方式的影响；对同一类型的胶片来说，银盐颗粒越粗，其感光度越高
梯度(G)	胶片对不同曝光量在底片上显示不同黑度差别的固有能力	与胶片的种类、型号和底片的黑度有关
灰雾度(D_0)	未经曝光的胶片经显影和定影处理后所具有的黑度，又称为本底灰雾度 灰雾度由片基光学密度和胶片乳剂经化学处理后的固有光学密度两部分组成	通常感光度高的胶片要比感光度低的胶片灰雾度大；保存条件不当和保存时间过长也会使灰雾度增大；此外，底片所显示的灰雾不仅与胶片灰雾特性有关，而且与显影液配方、显影温度和时间等因素有关
宽容度(L)	胶片有效黑度范围相对应的曝光范围	与胶片的梯度有关

2. 胶片暗室处理

胶片暗室处理是射线照相的重要基本技术环节，射线照相底片的质量不仅与射线透照过程有关，而且与胶片的暗室处理过程有着密切的联系。

胶片暗室处理的基本程序如下。

$$显影 \longrightarrow 停显 \longrightarrow 定影 \longrightarrow 水洗 \longrightarrow 干燥$$

经过以上处理程序，使胶片上潜在的图像成为固定下来的可见图像。

胶片暗室处理方法目前可分为手工处理和自动处理两类。手工处理可分为盆式处理和槽式处理两种方法。由于盆式处理易产生伪缺陷，所以目前多采用槽式处理。洗片槽用不锈钢或塑料制成，其深度应超过底片长度 20% 以上，使用时应将药液装满槽，并随时用盖子将槽盖好，以减少药液氧化。槽应定期清洗，保持清洁。自动处理采用自动洗片机完成暗室处理过程，其需要使用专用显影液和定影液，得到的射线照相底片质量好且稳定。

胶片手工处理时各程序的操作条件和要求见表 3-6。

表 3-6　胶片手工处理时各程序的操作条件和要求

处理程序	温度/℃	时间/min	操作要求
显影	18~22	4~6	预先水浸,水平、竖直方向移动胶片,显影过程中适当搅动
停显	16~24	10~20s	胶片应完全浸入停显液中并充分搅动
定影	16~24	5~15	适当搅动
水洗	16~24	30~60	流动水漂洗
干燥	≤40	—	去除表面水滴后干燥,环境空气中应没有灰尘或其他漂浮杂物

3. 胶片暗室处理的注意事项

胶片手工暗室处理时须严格控制各个技术环节,这样才能获得满足要求的射线照相底片,主要注意事项有以下几点。

1)显影温度对胶片质量影响很大,必须严格控制。

2)胶片放入显影液之前,应在清水中预浸一下,使胶片表面润湿,以避免进行显影时,因胶片表面局部附着小气泡或其他原因产生的显影液润湿不均匀从而导致显影不均匀。

3)显影时正确的搅动方法是:在最初 30s 内不间断地搅动,以后每隔 30s 搅动一次。

4)停显阶段应不间断地充分搅动。

5)停显温度最好与显影温度相近,若停显温度过高,可能会产生网纹和皱褶等缺陷。

6)定影总的时间为通透时间的两倍。通透时间是指胶片放进显影液开始到乳剂的乳白色消失为止的时间。

7)水洗时应使用清洁的流动水漂洗,水洗不充分的胶片长期保存后会发生变色现象。

8)水洗水温应适当控制,水温高时水洗效率也高,但药膜高度膨胀易产生划伤和药膜脱落等缺陷。

9)胶片干燥应选择在没有灰尘的地方进行,因为湿胶片极易吸附空气中的灰尘。

10)热风干燥能缩短干燥时间,但如温度过高易产生干燥不均匀的条纹。

11)水洗后的胶片表面附有许多水滴,如不除去会因干燥不均匀而产生水迹,可用湿海绵擦去水滴,或浸入润湿液,使水从胶片表面快速流尽。

4. 显影和定影的影响因素

(1)显影的影响因素　显影的影响因素很多,除了显影液配方外,显影时间、显影温度、搅动情况和显影液活度对显影都有明显的影响。显影的影响因素见表 3-7。

(2)定影的影响因素　定影的影响因素主要有定影时间、定影温度、搅动情况和定影液活度见表 3-8。

表 3-7　显影的影响因素

影响因素	影响内容	一般要求
显影时间	显影时间过长,黑度和反差会增加,但影像颗粒和灰雾度也将增大;而显影时间过短,将导致黑度和反差不足	对于手工处理,大多规定为4~6min
显影温度	温度高时显影速度快,温度低时显影速度慢。温度高时对苯二酚显影能力增强,影像反差增大,同时灰雾也增大,颗粒变粗,此时药膜松软,容易划伤或脱落;温度低时对苯二酚显影能力减弱,此时显影主要靠米吐尔作用,因此反差降低	对于手工处理,大多规定显影温度为18~22℃
搅动情况	在显影过程中进行搅动,不仅使显影速度加快,而且保证了显影作用均匀,同时也能提高底片反差	胶片在显影液中应不断进行搅动,尤其是胶片进入显影液的最初1min的频繁搅动特别重要
显影液活度	显影液的活度取决于显影剂的种类和浓度以及显影液的pH值。若使用老化的显影液,则显影速度变慢,反差减小,灰雾度增大	在活度降低的显影液中加入补充液,每次添加的补充液最好不超过槽中原显影液总体积的2%,当加入的补充液达到原显影液体积两倍时,药液必须废弃

表 3-8　定影的影响因素

影响因素	影响内容	一般要求
定影时间	影响胶片感光乳剂层中未显影的卤化银被定影剂的溶解程度以及被溶解的银盐从乳剂中渗出进入定影液	射线照相底片在标准条件下,采用硫代硫酸钠配方的定影液,所需的定影时间一般不超过15min
定影温度	定影温度影响到定影速度,随着温度的升高,定影速度将加快;但如果温度过高,胶片乳剂膜过度膨胀,容易造成划伤或药膜脱落	一般规定为16~24℃
搅动情况	搅动可以提高定影速度,并使定影均匀	在定影过程中,应适当搅动,一般每2min搅动一次
定影液活度	老化的定影液使得定影速度越来越慢,所需时间越来越长,同时会分解出硫化银,使底片变黄	对使用的定影液,当其需要的定影时间已长到新液所需时间的两倍时,即认为已经失效,需更换新液

5. 胶片干燥的方法

干燥的目的是去除膨胀的感光乳剂层中的水分,以便于底片的评定和保存。

为防止干燥后的底片产生水迹,可在水洗后、干燥前进行润湿处理,即把水洗后的湿胶片放入润湿液(浓度约为 0.3% 的洗涤剂水溶液)中浸润约 1min,然后取出,使水从胶片表面流掉,再进行干燥。

干燥的方法有自然干燥和烘箱干燥两种。自然干燥是在清洁、干燥、空气流通的室内，将水洗后的胶片悬挂起来，让水分自然蒸发，使胶片干燥。烘箱干燥是把水洗后的胶片悬挂在烘箱内干燥，烘箱中通过热风，热风温度一般应不超过 40℃，并对热风进行过滤，尽量减少热风所带入的杂质和灰尘。

任务实施

1. 工作准备

检查工作台是否清洁、干燥；检查裁片刀是否满足切片要求；检查暗室安全灯是否能够正常工作，其工作距离是否满足要求。

根据需要准备一定数量和规格的暗袋和增感屏，暗袋与增感屏应匹配；逐一检查暗袋和增感屏，漏光的暗袋、有明显折皱和划痕等破损的增感屏都不能使用；前、后增感屏应按次序放好，以防止在暗室操作时装反。

1）准备经测试合格的暗红色或暗橙色安全灯，调整好计时器。

2）准备经检定合格的量程为 0～40℃范围的酒精玻璃温度计和长度合适的搅拌棒。

3）准备长、宽、深均满足洗片要求的不锈钢或塑料槽。

4）准备量和活度均满足洗片要求的显影液、停显液和定影液，并按次序排列布置好。

5）测量显影液、定影液温度：将显影温度控制在 18～22℃，定影温度控制在 16～24℃。

6）准备足够数量的洗片夹，片夹的规格尺寸须与待洗胶片相匹配。

7）悬挂固定好晾片绳，在绳上挂上足够数量的干净、无锈蚀的回形针或塑料夹。

8）胶片如采用烘箱干燥，则准备满足使用要求的烘箱。

2. 工作程序

1）关紧门窗，门从里反锁，打开安全灯，关掉常规照明；经过一定时间的暗适应后，检查门窗缝隙确认无漏光，否则应对漏光处进行处理。

2）将曝光后的胶片从暗袋中取出，并插入洗片夹中。注意动作要轻，防止将胶片划伤；同时避免将增感屏当作胶片冲洗。

3）将胶片浸在清水中润湿胶片表面，浸润时间为 1～2s。

4）用搅拌棒搅动显影液，让显影槽中上、下层的显影液浓度均匀、一致。

5）将经过充分润湿的胶片放入显影槽中，显影的最初 30s 内要在水平和垂直方向不停地搅动，以后每隔 30s 搅动一次。

6）显影过程中要不时地观察计时器，一般控制显影时间为 4～6min。

7）将显影后的胶片放入停显液中，并不间断地摆动，控制停显时间为 10～20s。

8）将停显后的胶片放入定影液中，并确保胶片在定影液中不得互相接触。

9）不断搅动定影液，并经常翻动胶片；一般在最初 1min 内要不停地做上下方向的搅拌，以后每 1～2min 搅动一次，搅拌要充分，尽量使每张胶片都能补充到定影液。

10）定影过程中要不时地观察计时器，一般控制定影时间为 5～15min。

11）将定影后的胶片放入流动的清水中，并控制温度为 16 ～ 24℃。水洗时间不少于 30min。如果无法采用流动水，则需要频繁换水并增加水洗时间。如胶片数量多，应分批冲洗，不能有新从定影液中取出的胶片，以免互相污染。

12）将水洗后的胶片浸到润湿液中，浸润约 1min，使水从胶片上均匀流下，以使胶片干燥得快速、均匀。

13）将胶片逐张悬挂到晾片绳上或烘箱的悬片钢丝上，并控制胶片之间的距离，不要过于紧密，以防止在风的吹动下粘贴在一起。

14）将干燥后的底片收集起来，相互之间用隔片纸隔开，理清顺序，装入底片袋（盒）中。

3. 注意事项

1）在整个暗室处理过程中，一方面要防止胶片受弯、受折，防止底片出现折痕影像；另一方面在整个洗片过程中，由于胶片感光乳剂层处于膨胀、易划伤和剥落的状态，操作过程中一定要轻柔并防止指甲划伤胶片。

2）洗片过程中要充分搅动，尽量使每张胶片都充盈在新鲜的显影液和定影液中，防止产生显影和定影不均匀的现象。

3）要防止显影液、定影液的老化，老化的药液要及时更换。

4）在水洗和干燥工序可以开启常规照明，但必须确保显影液槽、停显液槽和定影液槽中无正在处理的胶片。

暗室处理

课业任务

一、填空题

1. 亚硫酸钠在显影液中起_____作用。

2. 把被射线曝光的带有潜影的胶片转变为可见的黑色影像底片的过程，称为胶片的_____。

3. 常用的定影剂硫代硫酸钠也称为_____。

二、判断题

1. 曝光后的胶片处理过程是显影、停显、定影、水洗和干燥。（　　　）

2. 铅增感屏有增感作用，但也会增加散射线影响片子清晰度。（　　　）

3. 如果显影时间过长，有些未显影的卤化银也会被还原，从而增大了底片灰雾。（　　　）

任务三　训　机

知识目标

1）掌握 X 射线机的基本结构。

2）掌握 X 射线管的相关知识。

3）掌握 X 射线机的工作过程及其注意事项。

掌握 X 射线机训机目的及方法。

独立完成训机。

1. X 射线机的基本结构

工业射线检测中经常使用的 X 射线机，其基本结构由四部分组成，即高压部分、冷却部分、保护部分和控制部分。以工频 X 射线机为例，其基本结构如图 3-13 所示。

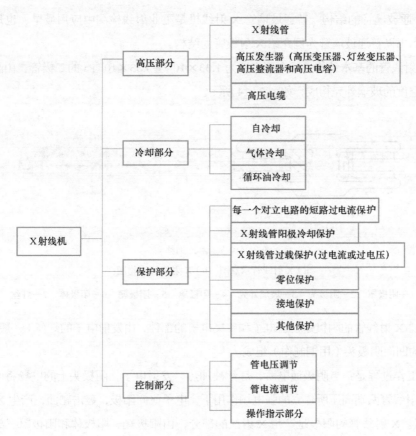

图 3-13　工频 X 射线机的基本结构

2. X 射线管的相关知识

X 射线管是 X 射线机的核心部件，了解它的种类、内部结构和技术性能，有助于无损检测人员正确使用和操作 X 射线机，提高 X 射线管的真空度，延长其使用寿命。

（1）X 射线管的种类　随着工业技术的发展和 X 射线检测技术应用范围的拓展，作为工业用 X 射线机的核心部件——X 射线管也呈现了多样性，其种类及主要特点见表 3-9。

表 3-9　X 射线管的种类和主要特点

X射线管的种类		主要特点
普通玻璃管		对过热和机械冲击都很敏感,抗振性差
金属陶瓷管		抗振性好,管内真空度高,管子使用寿命长,250 kV以上的金属陶瓷管尺寸比玻璃管小
特殊用途X射线管	周向辐射X射线管	检测工作效率高;阳极靶有平面阳极和锥体阳极两种形式,其中平面阳极易制造,散热条件好,使用较多
	小焦点X射线管	焦点小于0.1 mm,射线照相灵敏度高
	阳极棒X射线管	X射线管呈棒状,可伸进小直径筒形工件内对环向焊接接头做周向曝光

（2）普通玻璃管的结构　普通玻璃管 X 射线机是工业射线检测中应用最早、也是最常见的 X 射线机。本书以普通玻璃管为例介绍 X 射线管的结构。

玻璃 X 射线管的基本结构是一个真空度为 $1.33 \times 10^{-5} \sim 1.33 \times 10^{-4}$Pa 的二极管，由阴极、阳极和保持其真空度的玻璃外壳构成，如图 3-14 所示。

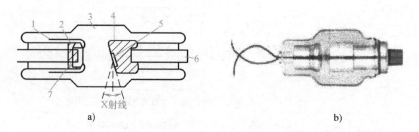

图 3-14　玻璃 X 射线管

a）X 射线管示意图　b）X 射线管实物图

1—阴极罩　2—阴极头　3—玻璃外壳　4—阳极罩　5—阳极靶　6—阳极体　7—灯丝

1）阴极。X 射线管的阴极是发射电子和聚集电子的部件，由发射电子的灯丝（一般用钨制作）和聚集电子的凹面阴极头（用铜制作）组成。

阴极的工作过程是：当阴极通电后，灯丝被加热，发射电子，阴极头上的电场将电子聚集成一束。在 X 射线管两端高压所建立的强电场作用下，电子飞向阳极，轰击靶面，产生 X 射线。

2）阳极。X 射线管的阳极是产生 X 射线的部分，由阳极靶、阳极体和阳极罩三部分构成。高速运动的电子撞击阳极靶产生 X 射线；阳极体的作用是支承靶面，传送靶上的热量；阳极罩的作用是吸收二次电子和一部分散乱射线。

由于 X 射线管能量转换率很低，高速运动电子的能量约有 99% 转换为热能传给阳极靶，因此，X 射线管工作时阳极的冷却十分重要。如冷却不及时，阳极过热，会排出气体，降低管子的真空度，严重过热可使靶面熔化，以至于龟裂、脱落，使整个管子丧失工作能力。

X 射线管的冷却方式一般有辐射散热、冲油冷却和旋转阳极自然冷却三种方式。

3）玻璃外壳。玻璃外壳的作用是保持管内的真空度。

（3）X射线管的技术性能

1）阴极特性和阳极特性。

①阴极特性。金属热电子发射与发射体的温度关系极大。假定在一定的管电压下，X射线管阴极发出的电子全部射到阳极上，则饱和电流密度与灯丝温度的关系（即X射线管的阴极特性）可用图3-15表示。从图3-15中可以看出，在阴极的工作温度范围内，较小的温度变化就会引起较大的电流变化。

②阳极特性。阳极特性即X射线管的管电流与管电压的关系，其关系曲线如图3-16所示。从图3-16中可以看出，在管电压较低时（10～20kV），X射线管的管电流随管电压增高而增大，当管电压增高到一定程度后，管电流趋于饱和而不再增大。这说明在某一恒定的灯丝加热电流下，阴极发射的热电子已经全部到达了阳极，再增高电压也不可能再增大管电流，也就是说，工业无损检测用的X射线管工作在电流饱和区。由此可知，对工作在饱和区的X射线管，要改变管电流，只有改变灯丝加热电流（即改变灯丝温度）。

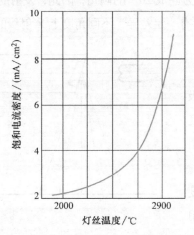

图3-15　饱和电流密度与灯丝温度的关系曲线

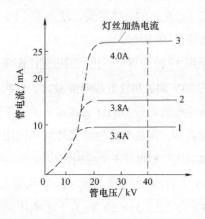

图3-16　X射线管的管电流与管电压的关系曲线

通过对图3-15和图3-16两个特性曲线的分析，可以得出以下结论：X射线管的管电流和管电压在工作过程中可以相互独立进行调节。

2）X射线管的管电压。管电压是指加载在X射线管阳极和阴极间的电压，以符号U表示，其单位为kV。额定峰值管电压是指X射线管所能承载的最大峰值电压，以符号$U_{峰值}$表示。

管电压是X射线管的重要技术指标，管电压越高，发射的X射线的波长越短，穿透能力就越强。在一定范围内，穿透能力（钢厚度）与管电压（U）有近似直线关系，如图3-17所示。

3）X射线管的焦点。焦点是X射线管的重要技术指标

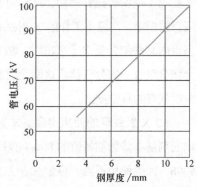

图3-17　穿透能力与管电压的关系

之一，其数值大小直接影响照相灵敏度。

X 射线管焦点的尺寸主要取决于 X 射线管阴极灯丝的形状和大小、阴极头聚焦槽的形状以及灯丝在槽内安装的位置。此外，管电压和管电流对焦点的大小也有一定影响。

阳极靶被电子撞击的部分称为实际焦点，如图 3-18 所示。

焦点大，有利于散热，可承受较大的管电流；焦点小，照相清晰度好，底片灵敏度高。

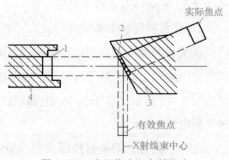

图 3-18　实际焦点和有效焦点

1—灯丝　2—阳极靶　3—阳极罩　4—阴极头

实际焦点在垂直于管轴线上的正投影称为有效焦点（图 3-18）。X 射线机说明书提供的焦点尺寸就是有效焦点尺寸。它的形状有三种，即圆焦点（用直径表示）、长方形焦点 ［用（长 + 宽）/2 表示］和正方形焦点（用边长表示）。

4）辐射场的分布。定向 X 射线管的阳极靶与管轴线方向成 20° 的倾角，因此，发射的 X 射线束有 40° 左右的立体锥角，随角度不同，X 射线的强度有一定差异，不同角度上 X 射线的强度分布如图 3-19 所示。

从图 3-19 中可以看出，阴极侧比阳极侧射线强度高，在大约 30° 辐射角处射线强度最大。但实际上，由于阴极侧射线中包含着较多的软射线成分，所以对具有一定厚度的工件照相，阴极侧部位的底片并不比阳极侧更黑，利用阴极侧射线照相也并不能缩短多少时间。

5）X 射线管的真空度。X 射线管必须在高真空度（$1.33 \times 10^{-5} \sim 1.33 \times 10^{-4}$Pa）下才能正常工作，故在使用时要特别注意不能使阳极过热。

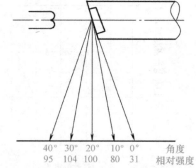

图 3-19　不同角度上 X 射线的强度分布

阳极金属过热时会释放气体，使 X 射线管的真空度降低，发生气体放电现象。气体放电会影响电子发射，从而使管电流减小。严重放电也可能造成管电流突增。这两种情形都可以从毫安表上看出（毫安表指针摆动，严重时指针能超量程，过电流继电器动作），最坏的后果是导致 X 射线管被击穿。高温下工作的 X 射线管实际上还存在另一种情况，就是高温金属离子也能吸收气体。当管内某些部分受电子轰击时，放出的气体立即被电离，其正离子飞向阴极，撞击灯丝所溅散的金属会吸收一部分气体。这两个过程在 X 射线管工作中是同时存在的，达到平衡时就决定了此时 X 射线管的真空度。

6）X 射线管的使用寿命。X 射线管的使用寿命是指由于灯丝发射能力逐渐降低，射线管的辐射剂量率降为初始值的 80% 的累积工作时限。普通玻璃管一般不少于 400h，金属陶瓷管不少于 500h。如果使用不当，将使 X 射线管的使用寿命大大缩短。保证 X 射线管使用寿命的措施主要有以下几条。

① 在送高压前，灯丝必须提前预热、活化。

② 使用负荷应控制在最高管电压的 90% 以内。

③ 使用过程中一定要保证阳极的冷却，如将工作时间和休息时间设置为 1：1。

④ 严格按使用说明书要求进行训机。

3. X 射线机的工作过程及其注意事项

（1）X 射线机的工作过程　X 射线机的工作过程可以概括为以下六个阶段。

1）通电。接通外电源，调压器带电，同时起动冷却系统，开始工作。

2）灯丝加热。接通灯丝加热开关，灯丝变压器开始工作，变压器的二次电压（一般为 5 ~ 20V）加到 X 射线管的灯丝两端，灯丝被加热发射电子，X 射线机处于预热状态。便携式 X 射线机在接通外电源以后，灯丝变压器即开始工作，灯丝被加热发射电子。

3）高压加载。接通高压变压器开关，高压变压器开始工作，二次高压加在 X 射线管的阳极与阴极之间，灯丝发射的电子在这个高压作用下被加速，高速飞向阳极并与阳极靶发生撞击，X 射线管开始辐射 X 射线。

4）管电压、管电流调节。接通高压以后同时调节调压器和毫安调节器，得到所需要的管电压和管电流，使 X 射线机在这种状态下工作。调节时应保持电压调节在前，电流调节稍后。

5）中间卸载。一次透照完成后，先降低管电压和管电流，再切断高压，按照 X 射线机规定的工作方式进行空载冷却，准备再次高压加载进行透照。

6）关机。按照中间卸载方式卸载，经过一定的冷却时间冷却后，断开灯丝加热开关，再断开电源开关。

现在许多 X 射线机已改为高压、管电流可以预置，接通高压开关后，X 射线机的控制部分自动调节、逐步达到所需要的高压和管电流，不再需要进行人工调节；多数控制箱已改为数字显示和数字式调节方式调节。

（2）X 射线机的注意事项

1）不能超负荷使用。X 射线机都有规定的额定电压、额定电流（管电流）、加载与冷却循环交替的工作方式，在使用时必须遵守这些规定。

2）定时训机。X 射线管是一个高真空的器件，如果真空度降低，将引起高压击穿，损坏 X 射线管。

3）充分预热与冷却。X 射线机在开机后，应使灯丝经历一定的加热时间后，再将高压送到 X 射线管；关机前，应使 X 射线管的灯丝在无高压下保持加热一段时间。这将减少 X 射线管灯丝不发射电子状态与强烈发射电子状态之间的突然变化，以保证 X 射线管的使用寿命。

在使用 X 射线机时，还必须注意充分冷却。由于 X 射线管中电子动能的绝大部分转换为热能，使阳极急剧升温，如果不注意充分冷却，将导致阳极过热，阳极靶面蒸发或熔化，并会加大气体的释放，最终使 X 射线管损坏。

4）日常定期维护。做好 X 射线机的日常维护工作，对于保证 X 射线机长期处于正常工作状态和延长使用寿命都具有重要意义。

4. X 射线机训机的目的和方法

非连续使用的 X 射线机都必须按说明书要求进行逐步升高电压的训练，这一过程称为训机。

由于 X 射线管必须在高真空度的情况下才能正常工作，X 射线机训机的目的就是确保 X 射线管的高真空度。

X 射线管的真空度可以用高频火花真空测试仪检查，也可通过冷高压试验确定其能否使用。

对新出厂的或长期不使用的 X 射线机，应经严格训机后才能使用。训机一般按设备说明书要求进行。

X 射线机训机时的升压速度与 X 射线机的机型和停用时间有关。玻璃管 X 射线机训机升压速度见表 3-10，陶瓷管 X 射线机训机升压速度见表 3-11。

表 3-10 玻璃管 X 射线机训机升压速度

停用时间	8~16 h	2~3天	3~21天	21天以上
升压速度	10kV/30s	10kV/60s	10kV/2.5min	10kV/5min

表 3-11 陶瓷管 X 射线机训机升压速度

停用时间	训机方法
1天	只需自动训机到使用电压值，若使用电压值比前一天高，可自动训机至前一天电压值后手动操作以10 kV/min的速度升至使用电压值
2~7天	手动训机，从最低值开始，以10kV/min的速度升至最高值（升至210kV时，需休息5min，然后继续训练）
7~30天	手动训机，从最低值开始，以10kV/5min的速度升到最高值，每训机10min，需休息5min
30~60天	手动训机，从最低值开始，以10kV/5min的速度升至最高值，每训机5min，需休息5min
60天以上	按上述方法，但需增加休息时间和训练次数

任务实施

以 2505 型金属陶瓷管 X 射线机为例。

1. 工作准备

1）仔细检查 X 射线机各部件，包括 X 射线管、控制箱、电源电缆和高压电缆等是否配套、齐全和完好。

2）将电缆线一端与控制箱连接，另一端与 X 射线机头连接；将电源线的一端插入控制箱电源线插孔，并旋紧固定，另一端插入外接电源插座，保证各连接点接触良好。电源线应接在配有漏电保护器的电源上。

3）检查电源电压是否是 220V。若电源电压波动超过额定电源电压的 ±10% 而影响 X 射线机的正常工作时，应配置稳压电源装置（稳压器）。

4）将接地线一端与控制箱连接，另一端可靠接地。

2. 工作程序

1）手动训机（适用于一段时间停用或新出厂的 X 射线机）。

① 接通电源,打开电源开关,控制箱面板上的电源指示灯亮,机头风扇转动,冷却系统开始工作。

② 将灯丝预热 2min 以上。

③ 调节管电压旋钮,使它指示最低值 150kV,调整时间指示器为 5min,按下高压接通开关。此时高压指示灯(红灯)亮,表示高压已接通,已有 X 射线产生。

④ 在高压接通的 5min 内以极其缓慢的速度旋转电压调整旋钮,使旋钮指示在 160kV,也就是使升压速度为 2kV/min。

⑤ 5min 后,蜂鸣器响起,红灯熄灭,即高压切断。让 X 射线机休息 5min 后,保持时间指示器不变,然后按下高压接通开关,继续以 2kV/min 的速度调整电压,调到 170kV。

便携式 X 射线机
的手动训机

⑥ 时间到,再休息 5min,重复以上操作,直到管电压升到额定管电压 250kV 为止,整个训机过程结束。

⑦ 在仪器设备的使用记录中进行记录。

2)自动训机(适用于装有延时电路、自动训机线路的 X 射线机)。

① 接通电源,打开电源开关,控制箱面板上的电源指示灯亮,机头风扇转动,冷却系统开始工作,设备指示"准备工作"。

② 在工作状态下,按下"训机"键,设备自动从最低电压 150kV 开始训机。X 射线机本身的预置时间为 5min,并自动设置 1∶1 休息程序。

③ 训机开始后,控制面板显示倒计时,同时电压从 150kV 逐渐升高。当计时器显示为 0 时,训机中断,开始休息。电压显示此时升高到的电压值。

④ 机器休息 5min 后,语音提示"继续训机"。电压开始继续升高,计时器从 5min 开始倒计时。

⑤ "训机→休息→训机"过程循环进行,直到电压升高到最高负载电压 250kV 为止,语音提示"训机结束"。

便携式 X 射线机的
自动训机

课 业 任 务

有一台 XXG-2505 的 X 射线机,6 个月未使用,目前需要对管径为 406mm、壁厚为 8mm 的工件,进行 X 射线透照。在对 X 射线机检查合格后,进行训机操作。简述训机过程中需要注意哪些方面。

任务四　X 射线透照参数的确定

知识目标

掌握 X 射线曝光曲线的构成与作用。

能力目标

掌握 X 射线曝光曲线的使用和 X 射线透照参数的确定方法。

可以独立完成各种壁厚的透照参数选择。

1. X 射线曝光曲线及其作用

X 射线曝光曲线是表示工件（如材质、厚度等）与工艺规范（如管电压、管电流、曝光量、焦距、胶片、增感方式和暗室处理条件等）之间相关性的曲线。在实际射线检测工作中，通常根据工件的材质和厚度通过查曝光曲线来确定射线能量、曝光量以及焦距等工艺参数。

曝光曲线通过试验获得，不同 X 射线机的曝光曲线各不相同，不能通用。因为即使管电压、管电流相同，但如果不是同一台 X 射线机，其射线能量和照射率也是不同的。原因有以下几点。

1）加在 X 射线管两端的电压波形不同（如半波整流、全波整流、倍压整流以及直流恒压等），会影响管内电子飞向阳极的速度和数量。

2）X 射线管本身的结构、材质不同，会影响射线从窗口射出时的固有吸收。

3）管电压和管电流的测定有误差。

此外，即使是同一台 X 射线机，随着使用时间的增加，管子的灯丝和阳极靶也可能老化，从而引起射线照射率的变化。

因此，每台 X 射线机都应有曝光曲线，作为日常透照控制线质和照射率，即控制能量和曝光量的依据，并且在实际使用中还要根据具体情况做适当修正。

2. X 射线曝光曲线的构成

X 射线曝光曲线一般有两种，一种为曝光量 - 厚度（E-T）曝光曲线，其横坐标表示工件的厚度，纵坐标用对数刻度表示曝光量，管电压为变化参数；另一种为管电压 - 厚度（kV-T）曝光曲线，其横坐标表示工件的厚度，纵坐标表示管电压，曝光量为变化参数。图 3-20 所示为两种形式的 X 射线曝光曲线。

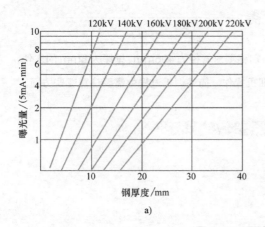

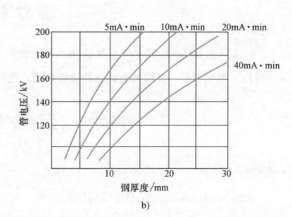

图 3-20　两种形式的 X 射线曝光曲线

a）E-T 曝光曲线　b）kV-T 曝光曲线

任务实施

通过 RF-250EG·S2 型定向 X 射线机、天津Ⅲ型胶片的曝光曲线（图 3-21）确定材质为 45 钢、透照厚度为 20mm 的平板焊接接头的透照参数（增感屏：Pb0.03mm/0.1mm；焦距：700mm；显影条件：20℃，5min；黑度：3.0）。

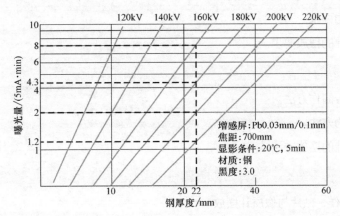

图 3-21　RF-250EG·S2 型定向 X 射线机、天津Ⅲ型胶片的曝光曲线

1. 工作准备

仔细了解实际平板焊接接头的各项工艺条件，看其是否与曝光曲线的制作条件相符。

2. 工作程序

1）确定实际透照厚度。该平板焊接接头为 V 形坡口、单面焊双面成形焊接接头，焊缝余高约为 2mm，故实际透照厚度为 20mm+2mm=22mm。

2）根据曝光曲线选择透照焦距为 700mm 时的曝光参数。按射线中心透照最大厚度确定与某一"kV"相对应的曝光量 E（行业内常称为"一点法"）。此时最大透照厚度为 22mm，查图 3-21 所示的曝光曲线，可使用的曝光参数有四组，即 160kV、40mA·min；180kV、21.5mA·min；200kV、10mA·min；220kV、6mA·min。

3）确定以 700mm 为焦距透照实际工件时的曝光参数。由于工件厚度均匀，从照相灵敏度、标准对曝光量的要求、工作时间和效率等因素考虑，选择 180kV、21.5mA·min 这一曝光参数组合。

4）确定实际透照参数。由于 X 射线机的管电流固定为 5mA，故实际曝光时间为 4.3min。所以，采用 RF-250EG·S2 型定向 X 射线机、天津Ⅲ型胶片透照平板焊接接头时的参数为 180kV、4.3min。

--- 课 业 任 务 ---

当一台 X 射线机一个月没用时，如何手动训机？

任务五　标记带制作、贴片与像质计摆放

知识目标

1）掌握标记带的组成及制作要求。

2）掌握贴片的要求。

3）掌握像质计的摆放要求。

能力目标

1）掌握标记带制作方法。

2）掌握贴片的方法。

3）掌握像质计的摆放方法。

任务描述

完成标记带制作、贴片与像质计摆放。

知识准备

进行射线检测时，为了使每张射线底片与某工件或工件的某部位相对应，同时也为了识别底片、缺陷定位、建立档案资料的需要，专门在底片上附加一些相关标记。

1. 标记带的组成及制作要求

（1）标记带及其组成　射线照相底片上的标记包括透照工件或部位的识别标记、底片定位标记以及其他一些标记。

1）识别标记。识别标记包括工件编号（或检测编号）、焊缝编号（如纵缝、环缝或封头拼接缝等）和部位编号（或片号）。根据实际工作可适当增减。

2）定位标记。定位标记包括中心标记"＋"和搭接标记"↑"（如为抽查，则为检查区段标记）。

3）其他标记。其他标记包括焊工编号、返修标记（如 R1 和 R2 等，其数字表示返修次数）、扩探标记和检测日期等。对余高磨平的焊缝透照，应加指示焊缝位置的圆点或箭头标记。这些标记一般为铅质材料，在透照过程中应将它们与检测区域同时透照在底片上。铅质识别标记、定位标记和其他标记可以用胶布或其他方式组合在一起，组成标记带。

典型标记带的示例如图 3-22 所示。

（2）标记带的制作要求　所有标记都可用透明胶带粘在中间挖空（其长、宽约等于单张胶片检测区域的长、宽）的长条形透明片基或透明塑料上，组成标记带。标记带上同时配置适当型号的像质计。

可在标记带两端粘上两块磁钢，这样可方便地将标记带贴在工件上。也可利用像质计上的磁钢将标记带贴在工件上。对于一些要经常更换标记（如片号、日期等）的部位，如果粘贴一些塑料插口，使用起来更方便。在制作标记带时，应将像质计粘贴在标记带的反面，而不要将其粘贴

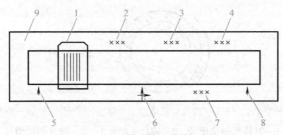

图 3-22 典型标记带的示例

1—像质计 2—工件编号 3—焊缝编号 4—部位编号 5、8—搭接标记 6—中心标记

7—检测日期 9—透明片基或透明塑料

在标记带的正面，这样可使像质计较紧密地贴合在工件表面上，以免影响灵敏度显示。所有标记应摆放整齐，其在底片上的影像不得相互重叠，并离检测区域边缘 5mm 以上。

2. 贴片的要求

贴片是采用磁铁、橡皮筋和绳带等方法将胶片（暗袋）可靠地固定在检测位置上。贴片时，胶片（暗袋）应覆盖在工件的检测区域之上，并与工件表面紧密贴合，尽量不留间隙。间隙越大，射线照相的几何不清晰度就越大，会直接影响到工件中缺陷的识别。

贴片时，标记带应置于暗袋的正面，并避开检测区域；暗袋上的"B"铅字应在暗袋的背面，远离被检工件。

对同一被检工件采用多张胶片同时透照检测时，应合理布片，贴片时相邻胶片间应有足够的重叠，以避免漏检。

3. 像质计的摆放要求

（1）一般要求 不管使用何种类型的像质计，像质计的摆放位置会直接影响像质计灵敏度的指示值，因此在摆放像质计时，摆放位置一般是在射线透照区内显示灵敏度较低的部位，如离胶片远的工件表面、透照厚度较大的部位等。若不利部位能达到规定的灵敏度，一般认为有利部位就更能达到。

（2）焊缝透照时丝型像质计的摆放要求 透照焊缝时，丝型像质计应放在被检焊缝射线源一侧、检测区域的一端，使金属丝横贯焊缝并与焊缝走向垂直，像质计上直径小的金属丝应在检测区域外侧。采用射线源置于圆心位置的周向曝光技术时，像质计可每隔 120° 放一个。

在一些特殊情况下，像质计无法放在射线源侧的表面，此时应做对比试验，其方法是：制作一个与被检工件材质、直径和壁厚相同的短试样，在被检部位内、外表面各放一个像质计，胶片侧像质计上应加放"F"标记，然后采用与被检工件相同的透照条件透照，在所得底片上，以射线源侧像质计所达到的规定像质计灵敏度值来确定胶片侧像质计所应达到的相应像质计灵敏度值。图 3-23 所示为管环缝双壁单影透照法中像质计的对比试验布置图。在采用双壁单影透照法像质计放在胶片侧时，像质计上要加放"F′"以表示像质计摆放位置是在胶片侧。

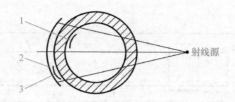

图 3-23　管环缝双壁单影透照法中像质计的对比试验布置图

1—射线源侧像质计　2—胶片（暗袋）　3—胶片侧像质计

任务实施

1. 工作准备

1）准备至少两套 26 个英文字母的铅字，其大小、厚度规格应满足要求。

2）准备至少三套 0～9 共十个阿拉伯数字的铅字，其大小、厚度规格应满足要求。

3）准备制作标记带所需的尺寸适当的透明片基或透明塑料，准备一定数量的胶带。

4）根据相关检测工艺标准的要求准备适当型号的像质计。

5）根据射线检测一次透照长度或其等分长度，切取胶片并将其装入相应规格的暗袋。

6）准备一块适当厚度和大小的背防护铅板以及若干数量的磁铁或绳带等固定胶片的工具。

2. 工作程序

1）将识别标记（如工件编号、部位编号和焊缝编号等），定位标记和其他标记（如焊工编号、返修标记、扩探标记和检测日期等）按照适当的顺序编排，并用透明胶带粘贴组合起来，形成标记带。

2）将标记带粘在中间挖空的长条形透明片基或透明塑料上，或直接粘在暗袋正面的适当位置。

3）检查被检工件或部位的表面，其不规则状态在底片上的可能影像不得掩盖或干扰工件的正常影像，否则应对表面做适当修整。

4）如使用丝型像质计，在胶片长度的 1/4 或 3/4 处粘贴适当型号的像质计，丝型像质计应与胶片长度方向垂直，细丝朝着片端。

5）贴片时，将暗袋粘贴在标记带的一面朝向被检工件，带有"B"铅字的一面远离被检工件，将暗袋覆盖至工件的检测区域之上，标记带应避开检测区域。

6）将背防护铅板覆于暗袋的背面，用磁铁或绳带等将胶片固定好，并确保暗袋与工件表面紧密贴合，尽量不留间隙。

3. 注意事项

1）制作标记带时，中心标记的垂直箭头和搭接标记箭头应指向工件检测区域，中心标记的水平箭头指向透照胶片的编序方向。

2）标记带上的所有标记应摆放整齐，其在底片上的影像不得相互重叠，且离检测区域边缘 5mm 以上。

3）贴片时相邻胶片间应有足够的重叠，以避免漏检。

4）像质计在射线源侧的工件表面上无法放置时，应做对比试验以确定置于胶片侧时所应达到的像质计灵敏度值。

课 业 任 务

焊缝编号为 ZEEX03–AF034+03–LH1B，管径为 813mm，壁厚为 12.7mm，用 500mm×80mm 胶片进行双壁单影射线检测，标准执行 NB/T 47013.2—2015，画出简易的透照示意图。

任务六　钢板、钢管对接焊接接头的 X 射线检测

知识目标

1）掌握钢板对接焊接接头 X 射线透照的基本操作程序。

2）掌握钢管对接焊接接头 X 射线透照的基本操作程序。

3）了解散射线的来源与分类。

能力目标

1）能够熟练操作钢板对接焊接接头 X 射线透照布置。

2）能够熟练操作钢管对接焊接接头 X 射线透照布置。

任务描述

完成钢板、钢管对接焊接接头的 X 射线检测。

知识准备

1. 钢板对接焊接接头 X 射线透照布置

为了得到合格的底片，进行射线透照前，需要确定射线源、工件和胶片之间的相对位置，这就是透照布置。钢板对接焊接接头 X 射线透照布置如图 3-24 所示，其原则是使射线尽量垂直穿透工件，使射线穿透厚度最小。透照布置设计的主要内容是：确定射线源到工件的距离 L_1、一次透照长度 L_3 和有效评定长度 L_{eff}。对初级检测人员而言，这些工艺参数在相应的工艺卡中已经给出，只需按工艺卡执行操作即可。

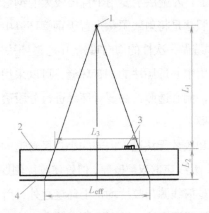

图 3-24　钢板对接焊接接头 X 射线透照布置

1—射线源　2—钢板对接焊接接头　3—像质计　4—胶片

2. 钢管对接焊接接头 X 射线透照布置

（1）钢管纵缝 X 射线透照布置 进行钢管纵缝 X 射线透照时，根据钢管的内径和结构的不同，其透照方式有单壁透照和双壁透照两种，其透照布置如图 3-25 所示。

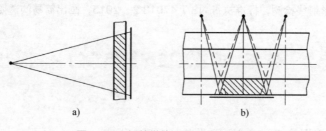

图 3-25 钢管纵缝 X 射线透照布置

a）钢管纵缝单壁透照 b）钢管纵缝双壁透照

钢管纵缝单壁透照布置的设计与钢板对接焊接接头 X 射线透照布置相同。而由于钢管结构的限制，需要采用双壁透照时，这时像质计和搭接标记等只能放在胶片侧。

（2）钢管环缝 X 射线透照布置 钢管环缝 X 射线透照的基本透照方法如图 3-26 所示。

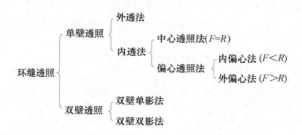

图 3-26 钢管环缝 X 射线透照的基本透照方法

钢管环缝基本透照方法的示意图如图 3-27 所示。这些透照方法分别适用于不同的场合，其中单壁透照是最常用的透照方法。单壁透照中的外透法是射线源位于钢管环缝外，胶片置于钢管环缝内的透照方法，如图 3-27a 所示。内透法是射线源位于钢管环缝内，胶片位于钢管环缝外的透照方法，如图 3-27b ~ d 所示。内透法主要用于直径较大的钢管环缝的透照。内透法分为中心透照法和偏心透照法。中心透照法是将射线源焦点置于钢管环缝中心，胶片或整条或逐张连接覆盖在整圈环缝外壁上，射线对焊缝做一次性的周向曝光。中心透照法一次透照长度为整条环缝长度，检测效率高。对于某些不宜采用中心透照法的钢管环缝，可以采用偏心透照法，这时焦距不等于环缝半径。为了保证透照质量，偏心透照往往要对环缝进行分段透照。偏心透照法分为内偏心法（$F<R$）和外偏心法（$F>R$）两种。

双壁透照一般用在射线源和胶片无法进入内部的小直径管道的焊接接头透照。双壁单影法是射线源与胶片均位于环缝之外，射线穿透双层壁厚，但仅使胶片侧焊缝成像在底片上的透照方法，如图 3-27e 所示。双壁双影法是射线源与胶片均位于环缝之外，射线穿透双层壁厚，使射线源侧和胶片侧焊缝均成像在底片上的透照方法。根据被检焊缝在底片上的影像特征不同又分为椭圆成像（图 3-27f）和重叠成像（图 3-27g）两种方法。

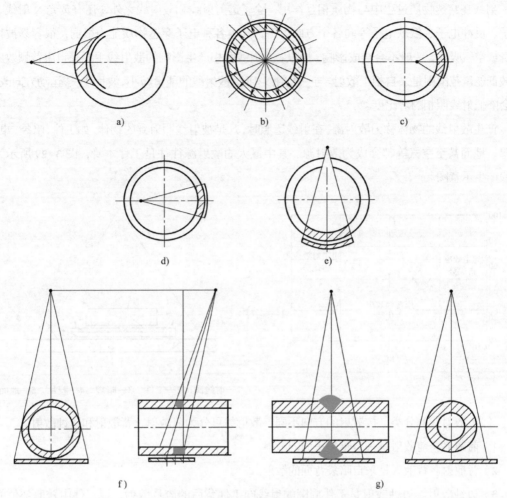

图 3-27　钢管环缝基本透照方法的示意图

a）环缝单壁外透法　b）环缝单壁内透法（中心透照法）　c）环缝单壁内透法（内偏心法 $F < R$）

d）环缝单壁内透法（外偏心法 $F > R$）　e）环缝双壁单影法　f）环缝双壁双影法（椭圆成像）

g）环缝双壁双影法（重叠成像）

3. 散射线的来源与分类

进行射线检测时，到达底片的射线除了透射射线以外还有散射射线（又称为散射线），散射线会使射线照相底片的灰雾度增大，降低射线照相对比度和清晰度，因此要分析散射线的来源、影响因素，进而对它进行有效的控制。

（1）散射线的来源　射线通过物质时，会因与物质发生相互作用而使强度减弱，在 X 射线和 γ 射线能量范围内，光子与物质作用的主要形式有光电效应、康普顿效应和电子对效应。当光子能量较低时，还必须考虑瑞利散射。

光电效应、康普顿效应和电子对效应的发生概率与物质的原子序数和入射光子能量有关，对于不同物质和不同能量区域，这三种效应的相对重要性不同。图 3-28 所示为各种效应占优势的区域。由图 3-28 可以看出：对于中等能量射线和原子序数低的物质，康普顿效应占优势。

射线在穿透物质过程中与物质相互作用，除了透射射线和散射线之外，还有荧光 X 射线、光电子、反冲电子、俄歇电子等向各个方向射出，其中各种电子穿透物质能力很弱，很容易被物质本身或空气吸收，一般不会造成影响。所以，对射线照相产生影响的散射线主要来自康普顿效应，在较低能量范围则是来自相干散射。与一次射线相比，散射线的能量减小，波长变长，运动方向改变，其会降低射线照相的对比度。

产生散射线的物体称为散射源。在射线透照时，凡是被射线照射到的物体，如工件、暗袋、桌面、墙壁、地面甚至空气等都会成为散射源。其中最大的散射源往往是工件本身，图 3-29 所示为散射线产生示意图。

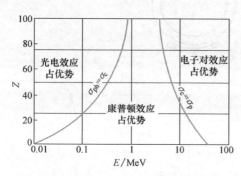

图 3-28　各种效应占优势的区域

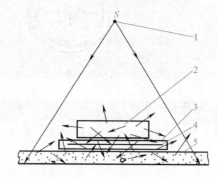

图 3-29　散射线产生示意图

1—射线源　2—工件　3—暗袋　4—胶片　5—地面

（2）散射线的分类　按散射的方向不同，散射线可分为前散射、背散射和边蚀散射。

1）前散射。前散射是来自暗袋正面的散射。

2）背散射。背散射是来自暗袋背面的散射。

3）边蚀散射。边蚀散射是工件周围的射线向工件背后的胶片散射，或工件中较薄部位的射线向较厚部位散射，这种散射会导致影像边界模糊，产生低黑度区域的周边被侵蚀、面积缩小的所谓"边蚀"现象。

4. 散射线的影响因素

（1）散射比　散射比为散射线强度与一次透射射线强度之比，用 n 表示，即

$$n = \frac{I_S}{I_P} \tag{3-1}$$

式中　I_S——散射线强度（R/min）；

I_P——一次透射射线强度（R/min）。

（2）散射比的影响因素　散射比 n 的大小与射线能量、穿透物质种类和穿透厚度等诸多因素有关。

图 3-30 所示为平板工件透照的散射比与射线能量和工件厚度的关系。由图 3-30 可知，在工业射线照相应用范围内，散射比随射线能量的增大而变小；而在相同射线能量下，散射比随工件厚度增大而增大。

对有余高的焊缝试样透照时，焊缝中心部位的散射比与平板工件的散射比明显不同，焊缝中

心散射比高于同厚度平板中的散射比，随着能量的增大，两者数值逐渐接近。图3-31所示为焊缝余高高度和有效能量与散射比的关系。

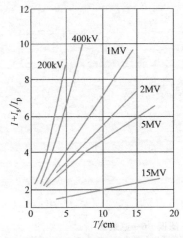

图3-30 平板工件透照的散射比与射线能量和工件厚度的关系

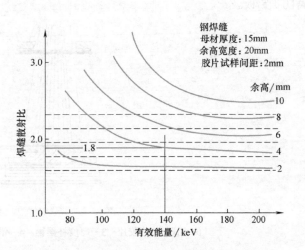

图3-31 焊缝余高高度和有效能量与散射比的关系

在实际使用的照射场和焦距范围内，照射场大小和焦距的变化对散射比几乎没有影响。

5. 散射线的控制措施

散射线会使射线底片的灰雾度增大，影像对比度降低，对射线照相质量是有害的。但由于受射线照射的一切物体都是散射源，所以实际上散射线是无法消除的，只能尽量设法减少。控制散射线的措施有许多种，其中有些措施对照相质量产生多方面的影响，对这些措施要综合考虑，权衡选择。这些措施包括以下几项。

（1）选择合适的射线能量 对厚度差较大的工件，如余高较高的焊缝或小径管透照时，散射比随射线能量的增大而减小，因此，可以通过提高射线能量的方法来减少散射线。但射线能量值只能适当提高，以免对主因对比度和固有不清晰度产生明显不利的影响。

（2）使用铅箔增感屏 铅箔增感屏除了具有增感作用外，还具有吸收低能散射线的作用，使用增感屏是减少散射线最方便、最经济，也是最常用的方法。选择较厚的铅箔减少散射线的效果较好，但会使增感效率降低，因此铅箔厚度也不能过大。实际使用的铅箔厚度与射线能量有关，且后屏的厚度一般大于前屏。

（3）使暗袋紧贴工件 进行射线照相检测时，前方侧向散射线的影响与暗袋至工件的距离有关，距离大则散射线影响大。因此，透照时应尽量使暗袋紧贴工件，以减少前方侧向散射线的影响。

（4）其他控制措施 专门用来控制散射线的其他控制措施如图3-32所示，应根据经济、方便和有效的原则加以选用。这些措施包括以下几种。

1）背防护铅板。在暗袋背后近距离内如有金属或非金属材料物体，如钢平台、木质桌面和水泥地面等，会产生较强的背散射，此时可在暗袋后面加一块铅板以屏蔽背散射线。使用背防护铅板的同时仍需使用铅箔增感后屏；否则，背防护铅板被射线照射时激发的二次射线有可能到达胶片，对照相质量产生不利影响。当暗袋背后近距离内没有导致强烈散射的物体时，可以不使用背防护铅板。

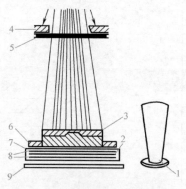

图 3-32　散射线的其他控制措施

1—铅罩　2—胶片　3—厚度补偿物　4—铅光阑　5—滤板　6—遮蔽物

7—暗袋　8—铅箔增感屏　9—背防护铅板

暗袋上常常设有一个铅质的"B"字，就是为了监测背散射的防护是否有效。观片时若发现在较黑背景上出现较淡的"B"字影像，说明背散射防护不当，应采取防护措施重新拍照；若不出现"B"字或在较淡背景上出现较黑的"B"字，则说明背散射防护符合要求。

2）铅罩和铅光阑。使用铅罩和铅光阑可以减小照射场范围，从而在一定程度上减少散射线。

3）厚度补偿物。在对厚度差较大的工件透照时，可采用厚度补偿措施来减少散射线。焊缝照相可使用厚度补偿块，形状不规则的小工件照相可使用流质吸收剂（醋酸铅加硝酸铅溶液）或金属粉末（铁粉或铅粉）作为厚度补偿物。

4）滤板。滤板有两种使用方法，一种是在 X 射线机窗口处加滤板；另一种是在工件与胶片（暗袋）之间加滤板。

在对厚度差较大的工件透照时，可以在 X 射线机窗口处加滤板，将 X 射线束中波长较长的软射线吸收掉，使透过射线波长均匀化，有效能量提高，从而减少边蚀散射。窗口处所加的滤板为用黄铜、铅或钢制作的金属薄板，滤板厚度可通过试验或计算确定。

在工件与胶片（暗袋）之间加滤板通常用于 Ir192 和 Co60γ 射线照相或高能 X 射线照相，其作用是过滤工件中产生的低能散射线，尤其当存在边蚀散射时，加滤板的作用更明显。按透照厚度的不同，可选择 0.5～2mm 厚的铅板作为滤板。

5）遮蔽物。当透照工件小于胶片时，应使用遮蔽物对直接处于射线照射的那部分胶片进行遮蔽，以减少边蚀散射。遮蔽物一般用铅制作，其形状和大小视透照工件情况确定，也可使用钢、铁和一些特殊材料（如钡泥等）制作遮蔽物。

6）修磨工件。通过修整、打磨的方法减小工件厚度差，也可以作为减少散射线的一项措施，如检查重要的焊缝时，将焊缝余高磨平后透照，可明显减小散射比，获得更佳的照相质量。

6.射线透照技术等级的确定

以现行标准 NB/T47013—2015 为例，纵缝，A 级和 AB 级，透照厚度比 $K^{\ominus} \leqslant 1.03$，B 级，$K \leqslant 1.01$；环缝，A 级和 AB 级，$K \leqslant 1.1$，B 级，$K \leqslant 1.06$；对于 $100 < D_{\circ} \leqslant 400$ 的环向焊接接头（包括曲率相同的曲面焊接接头）A 级和 AB 级允许采用 $K \leqslant 1.2$。

任务实施

一、钢板对接焊接接头的 X 射线检测

有一材质为 15CrMo、板厚为 20mm 的钢板双面焊对接焊接接头，焊缝长度为 1600mm。现要求按 GB/T 3323—2005《金属熔化焊焊接接头射线照相》A 级检测技术进行检测，Ⅱ 级合格。钢板对接焊接接头的 X 射线检测专用工艺卡见表 3-12。

表 3-12 钢板对接焊接接头的 X 射线检测专用工艺卡

产品编号	PQR1608	产品名称	焊接钢板	工艺卡号	RT-16-68
产品规格	t=20mm	产品材质	15CrMo	焊接方法	焊条电弧焊
执行标准	GB/T 3323—2005	检测技术级别	A	验收等级	Ⅱ
X射线机型号	RF-250EG·S2	焦点尺寸/mm×mm	2×2	检测时机	焊接完成至少24 h后
胶片类型	天津Ⅲ型	胶片规格/mm×mm	360×80	增感屏/mm	Pb 0.03(前/后)
像质计型号	6-Fe-JB	灵敏度值	11	底片黑度	2.0≤D≤4.0
显影液配方	天津Ⅲ型配方	显影时间/min	5~10	显影温度/℃	18~22

焊缝编号	焊缝长度/mm	检测比例(%)	透照方式	透照厚度/mm	焦距/mm	透照次数	一次透照长度/mm	管电压/kV	曝光时间/min
B01	1600	100	单壁透照法	20	600	5	340	200	5

透照布置示意图

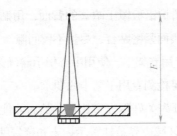

技术要求及说明	1)标记摆放按通用工艺规程的规定 2)暗袋背面加铅板进行背散射防护 3)像质计置于射线源侧工件表面

编制	×××(级别)	审核	NDT责任师:×××(级别)
	××××年××月××日		××××年××月××日

$\ominus$ 透照厚度比 K 是指一次透照长度范围内射线束穿过母材的最大厚度与最小厚度之比。

1. 工作准备

（1）仪器准备　根据 X 射线机、选定的胶片、增感屏及暗室处理工艺而制定的曝光曲线校核工艺卡中的曝光参数。

（2）按 X 射线机的操作规程训机

（3）材料准备　根据检测专用工艺卡选用 X 光胶片、增感屏、暗袋和合格的像质计，配备各种特定的铅字、箭头、中心标记和搭接标记等，准备贴片磁钢以及背防护铅板。

（4）工具准备　准备中心指示器、专用支架、钢直尺或卷尺、石笔、记号笔或涂料以及原始记录本。

（5）工件准备　焊缝及其热影响区的表面质量应经外观检查合格，表面不规则状态在底片上的影像应不掩盖焊缝中的缺陷或与之相混淆，否则应做处理。

（6）防护用品的准备　室外检测时，需准备场所辐射剂量仪、电离辐射警示标志、安全绳和警告牌，如是夜间检测还需准备警示灯。

2. 工作程序

1）画线。在工件上，用反差较大的涂料或记号笔画好布片位置和片号。

2）连接电缆。关闭外电源，电源插座接地；如电源无接地端，将地线与控制器的接地端相连，并将接地杆的 80% 插入湿润的土地中；用低压电缆连接控制器和发生器；将电源电缆连接到控制器上。

3）制作标记带。标记带上的标记应包括工件编号（或检测编号）、焊缝编号、部位编号（或片号）、焊工编号及检测日期等。

4）摆放像质计。将 6-Fe-JB 型像质计置于射线源侧工件表面检测区域长度约 1/4 处，金属丝横跨焊缝并与焊缝方向垂直，细丝置于外侧。

5）摆放定位标记。将搭接标记放在射线源侧工件表面检测区域的两端，中心标记放在检测区域的中心，水平方向箭头指向透照胶片的编序方向，垂直方向箭头指向焊缝。所有标记应摆放整齐，不得相互重叠，且离焊缝边缘至少 5mm 以上。

6）贴片。贴片的同时将背防护铅板覆于暗袋的背面，用贴片磁钢或绳带等将暗袋和背防护铅板固定好，并确保暗袋与工件表面紧密贴合，尽量不留间隙。

7）对焦。将 X 射线机置于专用支架上，使用中心指示器确保 X 射线机主光束指向检测部位；调节支架并测量透照焦距，以满足检测专用工艺卡的要求。

8）检测人员在室内工作时须先关好曝光室铅门，然后才能进行室内拍片；在户外检测时，须划定监督区和控制区，在各个区域边界悬挂警示标志和警告牌，必要时设专人监护；夜间进行射线检测操作时，在控制区的进口、出口、监督区入口处或其他适当位置处应设置警示灯，防止无关人员误入危险区。

9）曝光。接通外部电源，打开 X 射线机电源开关，此时电源指示灯亮，预热 2min。调节管电压为 200kV，调节时间指示器为 5min，按下高压开关对工件进行曝光。曝光时间到达后，时间指示器回到零位，高压开关自动回到关闭位置，同时高压指示灯熄灭。

10）换片。取下已曝光的胶片，换上新胶片，重新摆放相关标记，贴片、对焦。

11）重新曝光。X 射线机经过适当时间的休息后，进行第二个检测区域的曝光。

12）曝光结束。5个检测区域透照完后，收集并整理曝光后的胶片送暗室冲洗。

13）记录。记录工件编号、焊缝编号、焊工编号和部位编号，绘制布片图、透照示意图，并详细记录射线透照条件、操作人员及日期等。

3. 注意事项

1）X射线机应严格训机。X射线机如具备自动训机功能，则一般采用自动训机模式；如X射线机未使用时间超过三周，则应进行手动训机。

2）X射线机在移动、连接电缆或对焦过程中，应轻拿轻放，防止因受到机械振动而损坏仪器。

3）画线时，工件内、外中心位置应尽可能对准，最大误差不能超过10mm。

4）透照区段的划分应同时考虑一次透照长度、搭接长度和胶片规格。如果一次透照长度与搭接长度之和超过胶片的长度，则画线时应该以胶片长度为准。

5）连续透照时，X射线机要求按1∶1设置工作时间和休息时间，确保X射线管充分冷却，防止过热。

6）工件透照时，每张胶片上都应放置一个像质计。

7）工件透照时，像质计和搭接标记均应放在射线源侧工件表面。

8）透照过程中，射线机发生异常现象时，应停机查明原因，记下事故情况，检查电压值、熔丝等，如问题严重则送交专业人员修理。

9）若射线防护措施有问题，应停止拍片；发生触电时应立即断电。

平板对接焊接接头
X射线检测透照布置

10）连续透照更换胶片时，须严格区分开已曝光胶片和未曝光胶片。

二、钢管对接焊接接头的X射线检测

有一材质为06Cr19Ni10、规格为 ϕ1500mm×12mm 的钢管，现要求按 NB/T 47013.2—2015标准AB级检测技术对其一环向焊接对接接头进行射线检测，Ⅲ级合格。钢管对接焊接接头的X射线检测专用工艺卡见表3-13。

表3-13　钢管对接焊接接头的X射线检测专用工艺卡

产品编号	G01	产品名称	钢管环向对接焊接接头	工艺卡号	RT-G-01
产品规格	ϕ1500mm×12mm	产品材质	06Cr19Ni10	焊接方法	焊条电弧焊+埋弧焊
执行标准	NB/T 47013.2—2015	检测技术级别	AB	验收等级	Ⅲ
X射线机型号	XXQ-2005	焦点尺寸/mm×mm	3×2.3	检测时机	焊接完成至少24 h后
胶片类型	天津Ⅲ型	胶片规格/mm×mm	360×80	增感屏/mm	Pb 0.03（前/后）
像质计型号	10-Fe-JB	灵敏度值	12	底片黑度	2.0≤D≤4.0
显影液配方	天津Ⅲ型配方	显影时间/min	5~10	显影温度	18~22℃

焊缝编号	焊缝长度/mm	检测比例(%)	透照方式	透照厚度/mm	焦距/mm	透照次数	一次透照长度/mm	管电压/kV	曝光时间/min
G01	4710	100	单壁外透法	14	700	15	314	180	4

（续）

透照布置示意图

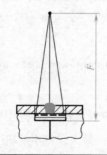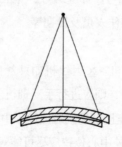

技术要求及说明	1) 标记摆放按通用工艺规程的规定 2) 暗袋背面加铅板进行背散射防护 3) 像质计置于射线源侧工件表面		
编制	×××（级别）	审核	NDT责任师:×××（级别）
	××××年××月××日		××××年××月××日

1. 工作准备

同"钢板对接焊接接头的 X 射线检测"的工作准备。

2. 工作程序

1）画线及布片。在工件环焊缝的外表面，用反差较大的涂料或记号笔画线，线段长度为 314mm，标好中心位置，写上胶片编号；然后在工件内壁相应的位置画长度为 309mm 的线段，内、外线段的中心应尽可能对准。

2）连接电缆。同"钢板对接焊接接头的 X 射线检测"的工作程序 2）。

3）制作标记带。同"钢板对接焊接接头的 X 射线检测"的工作程序 3）。

4）摆放像质计。将 10-Fe-JB 型像质计置于射线源侧检测区域长度的 1/4 处，金属丝横跨焊缝并与焊缝方向垂直，细丝置于外侧。

5）摆放定位标记。将搭接标记放在射线源侧工件表面检测区域的两端，中心标记放在检测区域的中心，水平方向箭头指向透照胶片的编序方向，垂直方向箭头指向焊缝。所有标记应摆放整齐，不得相互重叠，且离焊缝边缘至少 5mm 以上。

6）贴片。将装有胶片的暗袋与工件表面紧密贴合，并使暗袋中心与检测区域的中心对正，同时将背防护铅板覆于暗袋的背面，用磁钢等有效措施将暗袋和背防护铅板固定好。

7）对焦。将 X 射线机安放在合适的位置，调节设备和工件的相对位置，使射线机中心指示器对准检测区域中心部位，并与透照中心的切面垂直，同时调节设备与工件之间的距离，使透照焦距为 700mm。

8）同"钢板对接焊接接头的 X 射线检测"的工作程序 8）。

9）曝光。接通外部电源，打开 X 射线机开关，此时电源指示灯亮，预热 2min。调节管电压为 180kV，调节时间指示器为 4min，按下高压开关对工件进行曝光。曝光时间到达后，时间指示器回到零位，高压开关自动回到关闭位置，同时高压指示灯熄灭。

10）换片。取下已曝光的胶片，换上新胶片，重新摆放相关标记，贴片、对焦。

11）重新曝光。X 射线机经过适当时间的休息后，进行第二个检测区域的曝光。

12）曝光结束。15 个检测区域透照完后，收集并整理曝光后的胶片送暗室冲洗。

13）记录。记录工件编号、焊缝编号、焊工编号和部位编号，绘制布片图、透照示意图，并详细记录射线透照条件、操作人员及日期等。

课 业 任 务

一、填空题

1. 较小的透照厚度和横向裂纹检出角有利于_____和裂纹检出率。

2. 垂直透照方法重叠成像适用对于焊缝根部裂纹和未焊透的检测，此时胶片宜弯曲贴合焊缝表面，以尽量减少缺陷到胶片的距离，减少_____，提高底片的_____。

二、判断题

1. 采用源在外双壁透照方法，在焦距刚符合所要求的几何不清晰度要求时，可以得到最好的射线透照影像。（　　　）

2. 透照很薄的试样和轻合金时，能量的选择要比透照厚工件时严格得多。（　　　）

3. 按照壁厚与管外径之比规定透照次数，能够把透照厚度比控制在适当的范围。（　　　）

三、简答题

试画出小径管环缝双壁双影透照方法的示意图，标出胶片、射线源和工件的相对位置，写出计算方法。

任务七　底片的质量检查

知识目标

1）掌握胶片的感光原理。

2）掌握影响影像质量的基本因素。

3）掌握底片的质量要求。

能力目标

1）掌握底片黑度及其测量方法。

2）掌握底片质量的检查方法。

任务描述

完成底片黑度的测量和底片质量的检查。

知识准备

底片质量包括底片黑度、影像质量、标记系及表观质量。

1. 胶片的感光原理

胶片受到可见光或 X 射线、γ 射线的照射时，在感光乳剂层中的卤化银感光微粒将发生变化，形成潜在的人眼看不到的影像即所谓潜影。经过显影处理，潜影可转化为可见的影像，所以说潜影是使底片产生黑度的根本原因。

2. 底片黑度及其测量

（1）底片黑度　射线穿透被检工件后照射在胶片上，使胶片产生潜影，经过显影、定影化学处理后，胶片上的潜影成为永久性的可见图像，此时的胶片称为底片。

底片上的影像是由许多微小的黑色金属银微粒所组成，影像各部位黑化程度大小与该部位被还原的银量多少有关，被还原的银量多的部位比银量少的部位难于透光。底片的不透明程度称为底片的光学密度，其表示了金属银使底片变黑的程度，所以光学密度通常简单地称为黑度。

黑度 D 定义为照射光强与穿过底片的透射光强之比的常用对数值，即

$$D = \lg \frac{L_0}{L} \tag{3-2}$$

式中　L_0——照射光强（cd）；

　　　L——透射光强（cd）；

　$\frac{L_0}{L}$——阻光率。

黑度 D 与照射光强和透射光强的关系示意图如图 3-33 所示。

（2）底片黑度的测量　黑度应用黑度计（光学密度计）测量。所用的黑度计的测量不确定

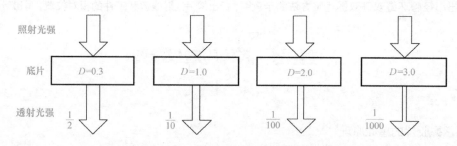

图 3-33　黑度 D 与照射光强和透射光强的关系示意图

度应不大于 0.05，开始测量前应先校准零点。黑度计应定期用标准黑度片（光学密度片）校验，不同标准对校验周期的规定不同，有的标准规定校验周期为 90 天，有的标准规定校验周期为 180 天。校验用的标准黑度片（光学密度片）一般应由计量部门检定。

（3）底片的黑度要求　黑度是底片质量的一个重要指标，其直接关系到底片的射线照相灵敏度和底片记录细小缺陷的能力。

图 3-34 所示曲线是增感型胶片的特性曲线。它表示出了射线相对曝光量与底片黑度之间的关系。在图 3-34 中，横坐标表示 X 射线的曝光量的对数值，纵坐标表示胶片显影后所得到的相应黑度。

增感型胶片的特性曲线由以下几个区段组成。

1）曝光迟钝区（*AB*）。曝光量增加时，底片黑度不增加，又称为不感光区。当曝光量超过 *B* 点，才使胶片感光，*B* 点称为曝光量的阈值。

2）曝光不足区（*BC*）。曝光量增加时，底片黑度只缓慢增加，此区段不能正确表现被透照工件的厚度差和底片密度差的关系。

3）曝光正常区（*CD*）。黑度随曝光量增加而呈近似线性增大，这是射线检测时所要利用的区段。

4）曝光过度区（*DE*）。曝光量继续增加时，黑度增加较小，曲线斜率逐渐降低直至 *E* 点为零。

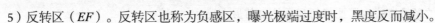

图 3-34 增感型胶片的特性曲线

5）反转区（*EF*）。反转区也称为负感区，曝光极端过度时，黑度反而减小。

从胶片的特性曲线中可知，只有当黑度达到一定值以后，黑度和曝光量之间才具有近似直线的关系，胶片的特性曲线梯度才会达到较大的值，这时曝光量发生一较小的改变才能在底片上产生一较大的黑度差，也即产生了较大的对比度。此外，底片只有达到一定的黑度才能形成细小缺陷的影像。标准中关于底片黑度范围的规定，正是基于这些基本的考虑。表 3-14 列出了部分标准关于底片黑度的规定，总的倾向是提高底片黑度范围。

表 3-14　部分标准关于底片黑度的规定

技术等级	GB/T 3323—2005	GB/T 12605—2008	NB/T 47013.2—2015	ASME V—2004
A	≥2.0	2.0~4.0	1.5~4.5	
AB	—	—	2.0~4.5	1.8~4.0
B	≥2.3	2.3~4.0	2.3~4.5	

上述规定仅仅是底片可以采用的黑度范围，国内外某些标准进一步规定了同一张底片的允许黑度范围，以保证同一张底片具有相同的射线照相灵敏度，这种规定同时具有限定有效透照区的作用。

3. 射线照相的影像质量

（1）射线照相灵敏度　在射线检测中，评价射线照相影像质量常用的指标是射线照相灵敏度。射线照相灵敏度，从定量方面来说，是在射线照相底片上可以观察到的最小缺陷尺寸或最小细节尺寸，从定性方面来说，是发现和识别细小影像的难易程度。

目前，普遍采用像质计进行定量评价射线照相灵敏度，不同种类的像质计设计了自己特定的结构和细节形式，规定了自己的测定射线照相灵敏度的方法，因此，不同像质计给出的射线照相灵敏度不能简单互换。就是说，用不同像质计即使得到的射线照相灵敏度值相同，也并不表示射线照相底片的影像质量相同。

值得注意的是：底片上显示的像质计最小金属丝直径、孔径或槽深，并不等于工件中所能发现的最小缺陷尺寸。但像质计灵敏度提高，表示底片像质水平也相应提高，因而也能间接地反映出射线照相对最小自然缺陷检出能力的提高。

射线照相灵敏度的表示方法有两种，一种称为相对灵敏度，另一种称为绝对灵敏度。相对灵敏度以百分比表示，即以射线照相底片上可识别的像质计的最小细节的尺寸与被透照工件的厚度之比的百分比表示。绝对灵敏度则以射线照相底片上可识别的像质计的最小细节尺寸表示。

（2）影响影像质量的基本因素　射线照相灵敏度是评价射线照相影像质量的指标，因此可以说影响射线照相灵敏度的因素直接影响到射线照相底片上的影像质量。

射线照相底片上的影像质量由对比度、不清晰度和颗粒度决定。对比度是影像与背景的黑度差，不清晰度是影像边界扩展的宽度，颗粒度是影像黑度的不均匀性程度。影像的对比度决定了在射线透照方向上可识别的细节尺寸，影像的不清晰度决定了在垂直于射线透照方向上可识别的细节尺寸，影像的颗粒度决定了影像可显示的细节最小尺寸。

影响射线照相灵敏度的三大基本因素又分别受到不同工艺因素的影响，通过研究，它们各自的计算和影响因素见表3-15。

表 3-15　影响射线照相灵敏度的三大基本因素的计算和影响因素

射线照相对比度 ΔD	计算	$\Delta D = 0.434\mu G\Delta T/(1+n)$	
	影响因素	主因对比度 $\Delta I/I = \mu\Delta T/(1+n)$	1) 缺陷造成的透照厚度差 ΔT 2) 射线衰减系数 μ (或射线能量) 3) 散射比 $n(n=I_S/I_P)$
		胶片对比度 $G=\Delta D/\Delta\lg E$	1) 胶片类型 (或梯度 G) 2) 显影条件 (配方、时间、活度、温度和搅动) 3) 底片黑度 D
射线照相不清晰度 U	计算	$U=\sqrt{U_g^2+U_i^2}$	
	影响因素	几何不清晰度 $U_g=d_f L_2/L_1$	1) 焦点尺寸 2) 焦点至工件表面距离 L_1 3) 工件表面至胶片距离 L_2
		固有不清晰度 $U_i=0.0013(kV)^{0.79}$	1) 射线能量 2) 增感屏种类 3) 屏片贴紧程度
射线照相颗粒度 σ_D	计算	$\sigma_D=\left[\sum\limits_{i=1}^{N}\dfrac{(D_i-\bar{D})^2}{N-1}\right]^{1/2}$	
	影响因素	1) 胶片系统 (胶片类型、增感屏和冲洗条件) 2) 射线衰减系数 μ (或射线能量) 3) 曝光量和底片黑度 D	

4. 标记系

底片上应有完整的识别标记和定位标记的影像，这对识别底片、缺陷定位和建立档案资料是必不可少的标志。标记的影像应位于底片的非评定区，以免干扰对缺陷的识别。

5. 表观质量

对底片表观质量的主要要求是：不应存在明显的机械损伤、污染和伪缺陷。

在暗室操作和透照操作的过程中，由于操作不当或不细心，或违反了操作的要求，或由于胶片、增感屏质量不好，将造成底片存在机械损伤、污染，并可能在底片出现一些非缺陷影像，它们直接影响底片的评定。特别是非缺陷影像，常称为伪缺陷，很容易与缺陷影像混淆，从而导致错误的质量评定结论。另一方面，表观质量不符合要求的底片在存放期间也可能变质，造成档案资料的损失。

在伪缺陷中，一种是底片表面机械损伤和表面附着污物，如划伤、指纹、折痕、压痕、水迹和辊印等，特征是底片表面有明显的印痕；另一种伪缺陷是化学作用引起的，如漏光、静电感光、药物玷污、银粒子流动和霉点等，特征是底片上的显示分布与缺陷有明显的不同。伪缺陷的识别是关系评片准确性的关键因素，要能正确识别伪缺陷，需要有扎实的理论基础和丰富的实践经验以及认真负责的工作态度。

6. 底片的质量要求

进行评定的底片必须是合格的底片，即只有符合质量要求的底片才能作为评定工件质量的依据。执行不同的标准，对底片的质量要求也不一致，但主要要求有以下四个方面。

1）像质计选用、摆放正确，像质指数应达到规定的要求。

2）底片黑度应在规定的范围内。

3）底片上的识别标记和定位标记应齐全、完整，其影像位置正确。

4）底片表观质量应满足规定的要求。

任务实施

一、底片黑度的测量

以 TD-210 型透射式黑度计的测量操作为例。

1. 工作准备

1）准备 TD-210 型透射式黑度计，并经校验合格，且在校验有效期内。

2）准备标准黑度片，并经校验合格，且在校验有效期内。

3）准备待测量黑度的底片。

2. 工作程序

1）查看电源是否与黑度计所需电源一致，确认后，黑度计接通电源。

2）按下黑度计右下方电源开关，显示屏将显示"—.--"标记。

3）黑度计预热 5min。

4）不放任何试样，按下测量臂，显示屏将显示"E.1"字样。

5）继续按住测量臂，同时按动黑度计右上方自动调零钮，显示屏显示"0.00"字样。放开测量臂，此时仪器已进入黑度值测量阶段。

6）校验黑度计。将标准黑度片某一黑度区域对准光孔，按下测量臂，显示屏将显示被测黑度值；按同样方法测四个黑度区域，将每个显示值与标准黑度片的标准值进行比较，以确认黑度计的显示精度。

7）将底片的某一黑度区对准光孔，按下测量臂，显示屏将显示被测黑度值。

8）记录所测得的底片黑度值。

二、底片质量的检查

1. 工作准备

1）准备最大亮度不小于 100000cd/m² 且观察的漫射光亮度可调的观片灯。

2 准备黑度计，其读数应准确、稳定性好，能测量 4.5mm 以内底片的黑度，并经校验合格，且在校验有效期内。

3）准备 3~5 倍的放大镜。

4）准备遮光板、评片尺、记号笔和手套等相关器具。

5）底片的质量检查应在专用评片室内进行，评片室内光线应暗淡，但不全暗，室内照明用光不得在底片表面产生反射。

2. 工作程序

1）接通观片灯的电源，并打开观片灯开关，调节相关旋钮至适宜亮度，放好遮光板，将底片放在观片灯上进行观察。

2）底片灵敏度的检查。首先应检查像质计型号、规格是否符合要求，位置摆放是否正确，数量是否满足要求；再观察可识别的最细或最小的像质计编号（如在焊缝影像上，若能清晰地看到长度不小于 10mm 的像质计金属丝影像，就认为是可识别的）；最后对照相关标准，确定是否满足所要求的像质指数。注意：像质指数根据工件公称厚度或透照厚度，按相关标准的质量等级来确定。

3）底片黑度的测量。首先在底片的有效评定区内选择黑度最大区域和黑度最小区域（对焊接接头而言，一般黑度最大区域在底片中部焊接接头热影响区附近，黑度最小区域在底片两端焊缝余高中心位置附近）；然后使用黑度计分别测量它们的黑度；最后对照标准，只有当有效评定区内各点的黑度均在标准规定范围内，才能认为该底片黑度符合要求。

测量后，记录下底片的最大和最小黑度值。

4）底片标记系的检查。根据射线照相底片的透照目的，主要检查底片上的工件编号、焊缝编号、底片号、中心标记、搭接标记、像质计放在胶片侧的区别标记、焊工编号、检测日期以及返修标记等，检查标记是否齐全、摆放位置是否正确、排列是否整齐。

5）背散射防护的检查。观片时若发现在较黑背景上出现较淡的"B"字影像，说明背散射严重，应采取防护措施重新拍照；若不出现"B"字或在较淡背景上出现较黑"B"字，则底片可以接受。

6）底片表观质量的检查。主要检查底片表面机械损伤和表面附着污物所产生的伪缺陷，手持底片，使观片灯灯光照射到底片上，通过反射光观察底片表面，就可以清晰地鉴别。

7）上述内容结束后，做好相关记录。必要时，整理、分类合格与不合格的底片，并做好标志。

—————————————————— 课 业 任 务 ——————————————————

一、填空题

1. 底片质量好坏与暗室工作人员的技术水平以及＿＿＿＿＿有关。

2. 配好的药液静置＿＿＿＿＿再用。

二、简答题

显影温度一般应控制在什么范围？温度过高或过低对底片质量有什么影响？

任务八　底片评定

知识目标

1）了解评片对环境、设备、工器具和人员的要求。

2）了解评片基本知识。

能力目标

1）能够掌握观片的基本操作。

2）能熟练进行焊接缺陷影像分析。

3）能熟练进行焊接接头射线检测质量等级评定。

任务描述

完成焊接接头的质量等级评定。

知识准备

工件中的缺陷是否能够通过射线照相而被检出，取决于诸多环节。首先射线照相所形成的底片质量应满足要求；其次，评片环境和设备等应使得底片上的影像可以充分显示，以利于评片人员观察和识别；第三，评片人员对观察到的影像应能做出正确的分析与判断。

1. 评片对环境、设备和工器具的要求

（1）对环境的要求　底片评定应在专用评片室内进行。评片室应独立、通风和卫生，室温不易过高（应备有空调），室内光线应柔和偏暗，室内照明用光不得在底片表面产生反射。室内噪声应控制在小于 40dB 为佳。

当底片评定范围内的黑度 $D \leqslant 2.5$ 时，透过底片评定范围内的亮度应不低于 $30cd/m^2$，室内亮度应在 $30cd/m^2$ 为宜。当底片评定范围内的黑度 $D > 2.5$ 时，透过底片评定范围内的亮度应不低于 $10cd/m^2$，室内亮度应在 $10cd/m^2$ 为宜。

评片人员在评片前，从阳光下进入评片室，应适应评片室内亮度至少 5～10min；从暗室进入评片室，应适应评片室内亮度至少 30s。

（2）对设备和工器具的要求

1）观片灯。观片灯的主要性能应符合 GB/T 19802—2005 的有关规定，应有足够的发光强度，能满足评片的要求，确保透过黑度 $D \leqslant 2.5$ 的底片后可见光度至少应为 30cd/m^2，即透照前照度至少应为 9487cd/m^2；透过黑度 $D > 2.5$ 的底片后可见光度至少应为 10cd/m^2，即透照前照度至少应为 3200cd/m^2。

观片灯的亮度应可调，性能稳定，安全可靠，且噪声应小于 30dB。观片时用遮光板应能保证底片边缘不产生亮光而影响评片。

观片灯光源的颜色通常应是白色，也允许橙色或黄绿色，偏红或偏紫色则不适合。

观片灯应有足够大的照明区，一般不小于 300mm×80mm，照明区过小会使人感到观察不方便，实际使用时采用一系列遮光板改变照明区面积，使其略小于底片尺寸。

观察屏各部分照明应均匀，照射到底片上的光应是散射的，光的散射系数应大于 0.7。

2）黑度计。黑度计用于测量射线照相底片的黑度，要求其读数准确，稳定性好，能准确测量 4.5mm 以内的黑度，其测量光孔直径为 1.5mm，重复性误差为 $\pm 0.02D$，测量误差不超过 $0.05D$。

黑度计至少每 6 个月校验一次，标准黑度片至少应每两年送法定计量单位校验一次。

3）评片用工器具。

① 遮光板。观察底片局部区域或细节时，用于遮挡周围区域的透射光，避免多余光线进入评片人员眼中。

② 放大镜。用于观察影像细节，放大倍数一般为 3～5 倍。高倍因容易产生影像畸变而不采用。

③ 评片尺。应有读数准确的刻度，尺中心为"0"刻度，两端刻槽至少应有 200mm，尺上应有 10mm×10mm、10mm×20mm、10mm×30mm 的评定框线。

④ 手套。避免评片人员手指与底片直接接触，以免产生污痕。

2. 评片对人员的要求

担任评片工作的人员应符合以下要求。

1）经过系统的专业培训，并通过法定部门考核确认具有承担此项工作的能力与资格者，一般要求具有 RT Ⅱ级及以上资格。

2）具有一定的评片实际工作经历和经验，同时具有一定的焊接、材料及热处理等相关专业知识。

3）应熟悉有关规范、标准，并能正确理解和严格按标准进行评定，具有良好的职业道德、高度的工作责任心。

4）评片前应充分了解被评定工件的状况，如材质、接头坡口形式、焊接和热处理工艺以及焊接缺陷可能产生的种类和部位等。

5）应充分了解所评定底片的射线照相工艺及工艺执行情况。

6）应具有良好的视力，要求矫正视力不低于 1.0，并能读出距离 400mm 处高 0.5mm 间隔 0.5mm 一组的印刷字母。

3. 评片基本知识

（1）投影的基本概念　投影概念对于影像识别和评定具有重要意义。

用一组光线将物体的形状投射到一个面上去，在该面上得到的图像，称为投影。这个面称为投影面（通常是平面）。光线称为投射线。投射线从一点出发的称为中心投影，投射线相互平行的称为平行投影。在平行投影中，投射线与投影面垂直的称为正投影，倾斜的称为斜投影投影示意图如图 3-35 所示。

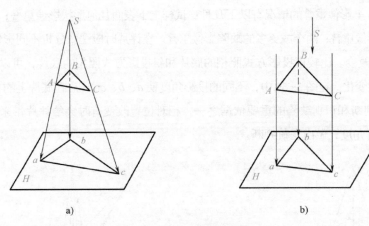

a)　　　　　　　　　　　　　b)

图 3-35　投影示意图

a）三角形的中心投影　b）三角形的平行正投影

射线照相就是通过投影把具有三维尺寸的试样（包括其中的缺陷）投射到底片上转化为只有二维尺寸的图像，由于射线源、物体（试样及缺陷）、胶片三者之间相对位置和角度的变化，会使底片上的影像与实际物体的尺寸、形状和位置有所不同。常见的情况有以下几种。

1）放大。影像放大是指底片上的影像尺寸大于物体的实际尺寸。由于焦距比射线源尺寸大得多，射线源可视为点源，照相投影可视为中心投影，影像放大程度与 L_1、L_2 有关（图 3-36）。一般情况下 $L_1 > L_2$。所以，影像放大并不显著，底片评定时一般不考虑放大产生的影响。

2）畸变。对于一物体，正投影和斜投影所得到的影像形状不同，如果正投影得到的像视为正常，则认为斜投影的像发生了畸变。实际照相中，影像畸变大部分是由投射线和投影面不垂直的斜投影造成的。此外，当投影面不是平面时（胶片弯曲），也会引起或加剧畸变。球孔在斜投影中畸变影像为椭圆形（图 3-37），裂纹影像有时会畸变为一个有一定宽度的、黑度不大的暗带。

畸变会改变缺陷的影像特征，有时给缺陷的识别和评定带来困难。

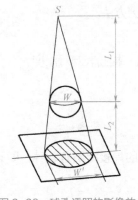

图 3-36　球孔透照的影像放大

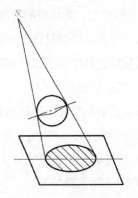

图 3-37　球孔透照的影像畸变

3）重叠。影像重叠是射线照相投影特有的情况，由于射线能够穿透物质，试样对于射线是"透明"的，试样上下表面的几何形状影像和内部缺陷影像都能在底片上出现，从而造成影像重叠。如图3-38所示，底片上 A 点的影像实际上是 A_1、A_2、A_3 等的影像的叠加。

射线照相底片上影像重叠的情况有以下几种：试样上下表面几何形状影像重叠；表面几何形状影像与内部缺陷影像重叠；两个或更多的缺陷影像重叠。在评片时应注意分析不同影像的层次关系。

4）相对位置改变。比较正投影方式照相的底片和斜投影方式照相的底片，可以发现底片上影像的相对位置发生变化。在图3-39中，不同的投影角度使 a、b、c、d 点在底片上的相对位置改变。

影像位置是判断和识别缺陷的重要依据之一，相对位置改变有时会给评片带来困难，需要通过观察，推测投射角度，做出正确判断。

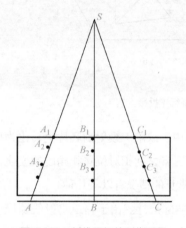

图3-38　射线照相的影像重叠

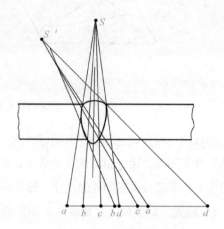

图3-39　射线照相的影像相对位置改变

（2）观片的基本操作　观察底片的操作可分为两个阶段，即通览底片和影像细节观察。

1）通览底片。通览底片的目的是获得焊接接头质量的总体印象，找出需要分析研究的可疑影像。通览底片时必须注意，评定区域不仅仅是焊缝，还包括焊缝两侧的热影响区，对这两部分区域都应仔细观察。由于余高的影响，焊缝和热影响区的黑度差异往往较大，有时需要调节观片灯亮度，在不同的光强下分别观察。

2）影像细节观察。影像细节观察是为了做出正确的分析判断。因细节的尺寸和对比度极小，识别和分辨是比较困难的，为尽可能看清细节，常采用下列方法。

① 调节观片灯亮度，寻找最适合观察的透过光强。

② 用纸框等物体遮挡住细节部位邻近区域的透过光线，提高表观对比度。

③ 使用放大镜进行观察。

④ 移动底片，不断改变观察距离和角度。

4. 焊接缺陷的影像分析

（1）底片上常见的焊接缺陷的分类　在底片上常见的焊接缺陷有六种，即裂纹、未熔合、未焊透、夹渣、气孔和形状缺陷等。

如按缺陷形态分类，可分为：

1）体积状缺陷，如气孔、夹渣、未焊透、咬边和内凹等。

2）平面状缺陷，如未熔合和裂纹等。

如按缺陷所含成分的密度分类，可分为：

1）密度大于焊缝金属的缺陷，如夹钨和夹铜等在底片上呈白色影像。

2）密度小于焊缝金属的缺陷，如气孔和夹渣等在底片上呈黑色影像。

（2）裂纹　裂纹可分为纵向裂纹、横向裂纹、弧坑裂纹和放射裂纹（星形裂纹）。

1）纵向裂纹。裂纹平行于焊缝的轴线，出现在焊缝影像中心部位、焊趾线（熔合线）和热影响区的母材部位，在底片上多为略带曲齿或略有波纹的黑色线纹。黑度均匀，轮廓清晰，用 5 倍放大镜观察轮廓边界仍清晰可见。两端尖细，无分枝现象，中段较宽，黑度较大，一般多为热裂纹。在底片焊缝影像的根部或热影响区出现直线型，且有从同一裂纹上引起的一组分散（分叉）的裂纹，影像清晰，边界无弥散现象，这种影像多为冷裂纹图像。图 3-40 所示为纵向裂纹。

图 3-40　纵向裂纹

2）横向裂纹。裂纹垂直于焊缝轴线，一般是沿柱状晶界发生，并与母材的晶界相连，或是因母材的晶界上的低熔共晶杂质，在加热过程中产生液化裂纹，并沿焊缝柱状晶界扩展。在底片上焊缝影像的热影响区和根部常见垂直于焊缝的微细黑色线纹。它两端尖细、略有弯曲，有分枝，轮廓清晰，黑度大而均匀，一般均不太长，很少穿过焊缝。图 3-41 所示为横向裂纹。

图 3-41　横向裂纹

3）弧坑裂纹。弧坑裂纹又称为火口裂纹，一般多是由焊缝最后的收弧坑内产生的低熔共晶体造成的，在底片的弧坑影像中出现一字纹和星形纹，影像黑度较淡，轮廓清晰，如图 3-42 所示。

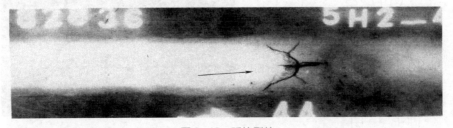

图 3-42　弧坑裂纹

4）放射裂纹。放射裂纹又称为星形裂纹，由一共同点辐射出去，大多出现在底片焊缝影像的中心部位，很少出现在热影响区及母材部位。它主要是因低熔共晶体造成的，其辐射出去的都是短小的、黑度较小且均匀、轮廓清晰的影像，其形貌如同星形。图 3-43 所示为放射裂纹。

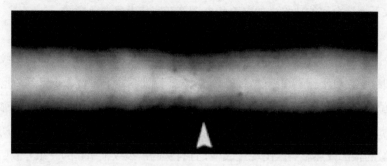

图 3-43　放射裂纹

（3）未熔合　焊接接头中的未熔合可分为坡口未熔合、焊道之间未熔合和单面焊根部未熔合。

1）坡口未熔合。它常出现在底片焊缝影像两侧边缘区域，呈黑色条云状，靠母材侧呈直线状（保留坡口加工痕迹），靠焊缝中心侧多为弯曲状（有时为曲齿状），该侧常伴有点状气孔或夹渣。垂直透照时，黑度较淡，靠焊缝中心侧轮廓欠清晰。沿坡口面方向倾斜透照时会获得黑度大、轮廓清晰、近似于线状细夹渣的影像。图 3-44 所示为坡口未熔合。

图 3-44　坡口未熔合

2）焊道之间的未熔合。按其位置可分为并排焊道间未熔合和上下焊道间（又称为层间）未熔合。

① 并排焊道间未熔合。垂直透照时，在底片上多呈现为黑色线（条）状，黑度不均匀、轮廓不清晰、两端无尖角、外形不规整，影像类似于细条状夹渣，大多沿焊缝方向走向，如图 3-45 所示。

② 层间未熔合。垂直透照时，在底片上多呈现为黑色的、不规整的块状影像，黑度淡而不均匀，一般多为中心黑度偏大，轮廓不清晰，与内凹和凹坑影像相似，如图 3-46 所示。

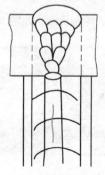

图 3-45　并排焊道间未熔合

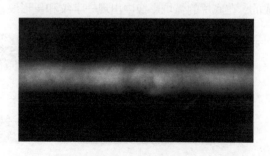

图 3-46　层间未熔合

3）单面焊根部未熔合。垂直透照时，在底片焊缝根部焊趾线上出现呈直线型黑色细线，黑度较大，细而均匀，轮廓清晰，5 倍放大镜下可观察到母材侧钝边加工痕迹，靠焊缝中心侧呈曲齿状，大多与根部焊瘤同生，如图 3-47 所示。

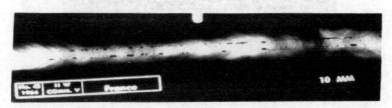

图 3-47　单面焊根部未熔合

（4）未焊透　未焊透按焊接方法可分为单面焊根部未焊透、双面焊坡口中心未焊透。

1）单面焊根部未焊透。在底片上多呈现出规则的、轮廓清晰、黑度均匀的直线型黑色线条，有连续和断续之分。垂直透照时，它多位于焊缝影像的中心位置，线条两侧在 5 倍放大镜下可观察到母材钝边加工痕迹。影像宽度是依据焊根间隙大小而定。它常伴随根部内凹、错口影像，如图 3-48 所示。

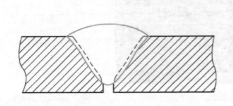

图 3-48　单面焊根部未焊透

2）双面焊坡口中心未焊透。在底片上多呈现出规则的、轮廓清晰、黑度均匀的直线型黑色线条。垂直透照时，它位于焊缝影像的中心部位，在 5 倍放大镜下可观察到母材钝边加工痕迹。它常伴有链孔和点状或条状夹渣，有断续和连续之分，其宽度也取决于焊根间隙的大小，一般多为较细的（有时如细黑线）黑色直线条纹，如图 3-49 所示。

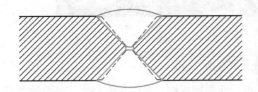

图 3-49　双面焊坡口中心未焊透

（5）夹渣　夹渣按其形状可分为点状（块状）和条状，按其成分可分为金属夹渣和非金属夹渣。

1）点状（块状）夹渣。

① 点状（块状）非金属夹渣。在底片上呈现出外形无规则、轮廓清晰、有棱角、黑度淡而均匀的点状（块状）影像。它以密集（群集）、链状出现，也有单个分散出现。它主要是焊剂或药

皮成渣残留在焊道与母材（坡口）或焊道与焊道之间，如图 3-50 所示。

图 3-50 点状（块状）非金属夹渣

② 点状（块状）金属夹渣。点状（块状）金属夹渣如钨夹渣、铜夹渣。钨夹渣在底片上多呈现出淡白色的点块状亮点，轮廓清晰，大多群集成块，在 5 倍放大镜下观察有棱角，如图 3-51 所示。铜夹渣在底片上多呈现出灰白不规则的影像，轮廓清晰，无棱角，多为单个出现。夹珠在底片上多为圆形的灰白色影像，在灰白色影像周围有黑度略大于焊缝金属的黑度圆圈，如同"O"或"C"。它主要是大的飞溅或断弧后焊条（丝）头剪断后埋藏在焊缝金属之中，周围一卷黑色影像为未熔合。

图 3-51 钨夹渣

2）条状夹渣。在底片上呈现出不规则的、两端呈棱角（或尖角）、沿焊缝方向延伸成条状的、宽窄不一的黑色影像，黑度不均匀，轮廓较清晰，如图 3-52 所示。

图 3-52 条状夹渣

（6）气孔 在焊缝中常见的气孔可分为球状气孔和条状气孔。

1）球状气孔。在底片上多呈现出黑色小圆形斑点，外形较规则，黑度是中心大、沿边缘渐淡，轮廓清晰可见，有时单独出现，有时密集分布，有时呈链状，如图 3-53 所示。

2）条状气孔。在底片上多平行于焊缝轴线，黑度均匀较淡，轮廓清晰，起点多呈圆形，并沿焊接方向逐渐均匀变细，终端呈尖形，如图 3-54 所示。

（7）形状缺陷 形状缺陷属于焊缝金属表面缺陷或接头几何尺寸缺陷，如咬边、内凹、烧穿、焊瘤和错口等。

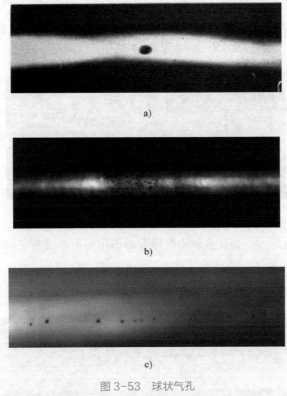

图 3-53　球状气孔

a）单一气孔　b）密集气孔　c）链状气孔

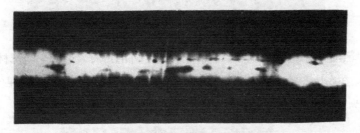

图 3-54　条状气孔

1）咬边。沿焊趾的母材部位被电弧熔化时所形成的沟槽或凹陷，称为咬边。它有连续和断续之分。在底片的焊缝边缘（焊趾处），靠母材侧呈现出粗短的黑色条状影像，黑度不均匀，轮廓不明显，形状不规则，两端无尖角。咬边可分为焊趾咬边和根部咬边，如图 3-55 所示。

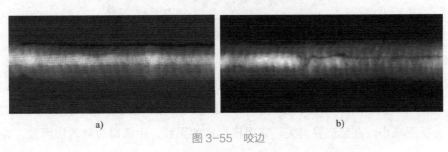

图 3-55　咬边

a）焊趾咬边　b）根部咬边

2）内凹。焊后焊缝表面或背面（根部）所形成的低于母材的局部低洼部分，在底片上的焊缝影像中多呈现出不规则的圆形黑化区域，黑度是由边缘向中心逐渐增大，轮廓不清晰，如图3-56所示。

图3-56 内凹

3）烧穿。在焊接过程中，熔化金属由焊缝背面流出后所形成的空洞称为烧穿。它可分为完全烧穿（背面可见洞穴）和不完全烧穿（背面仅能见凸起的鼓包），在底片上其影像多为不规整的圆形，黑度大而不均匀，轮廓清晰，如图3-57所示。

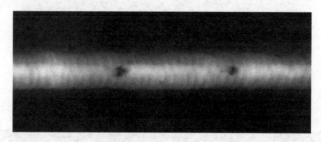

图3-57 烧穿

4）焊瘤。焊瘤是在焊接时熔化金属流淌到焊缝之外的母材表面而未与母材熔合在一起所形成的球状金属物。在底片上多出现在焊趾线（并覆盖焊趾）外侧，呈光滑完整的白色半圆形的影像，焊瘤与母材之间为层状未熔合，瘤中常伴有密集气孔，如图3-58所示。

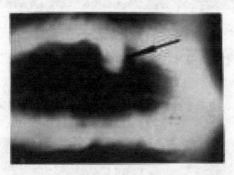

图3-58 焊瘤

5）错口。由于厚度不同或内径不等（椭圆度）造成的，在底片上的主要特征是在焊根的一侧出现直线性较强的（明显可见钝边加工痕迹）黑线，轮廓清晰，黑度从焊根的焊趾线向焊缝中心逐渐减小，直至边界消失。靠焊根形成的黑线，由错口边蚀效应所致，如图3-59所示。

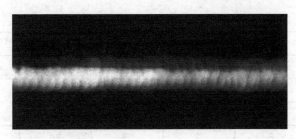

图 3-59 错口

5. 焊接接头射线检测质量等级评定的规定

不同的射线检测标准其质量等级的评定规定是不一致的，下面以 NB/T 47013.2—2015《承压设备无损检测第 2 部分：射线检测》中的"钢、镍、铜制承压设备熔化焊焊接接头射线检测质量分级"为例做适当的介绍。

（1）适用范围　适用于厚度 ≤ 400mm，材质为钢、镍及镍合金，以及厚度 ≤ 80mm，材质为铜及铜合金的承压设备焊接接头的射线检测的质量分级。

（2）缺陷类型　焊接接头中的缺陷按性质和形状可分为裂纹、未熔合、未焊透、条形缺陷和圆形缺陷五类。

（3）质量等级的划分　根据焊接接头中存在的缺陷性质、尺寸数量和密集程度，其质量等级可划分为 I、II、III、IV级。

（4）质量分级一般规定

1）I 级焊接接头内不允许存在裂纹、未熔合、未焊透和条形缺陷。

2）II 级和 III 级焊接接头内不允许存在裂纹、未熔合和未焊透。

3）焊接接头中缺陷超过 III 级者为 IV 级。

4）当各类缺陷评定的质量级别不同时，应以最低的质量级别作为焊接接头的质量级别。

（5）圆形缺陷的质量分级

1）圆形缺陷用圆形缺陷评定区进行质量分级评定，圆形缺陷评定区为一个与焊缝平行的矩形，其尺寸见表 3-16。圆形缺陷评定区应选在缺陷最严重的区域。

2）在圆形缺陷评定区内或与圆形缺陷评定区边界线相割的缺陷均应划入评定区内。将评定区内的缺陷按表 3-17 中的规定换算为点数，按表 3-18 中的规定评定焊接接头的质量级别。

表 3-16　缺陷评定区　　　　　　　　　　（单位：mm）

母材公称厚度 T	≤ 25	>25~100	>100
评定区尺寸	10×10	10×20	10×30

表 3-17　缺陷点数换算表

缺陷长径/mm	≤1	>1~2	>2~3	>3~4	>4~6	>6~8	>8
缺陷点数	1	2	3	6	10	15	25

表3-18　各级允许的圆形缺陷点数

评定区/mm×mm	10×10			10×20		10×30
母材公称厚度T/mm	≤ 10	>10~15	>15~25	>25~50	>50~100	>100
Ⅰ级	1	2	3	4	5	6
Ⅱ级	3	6	9	12	15	18
Ⅲ级	6	12	18	24	30	36
Ⅳ级	缺陷点数大于Ⅲ级或缺陷长径大于T/2					

注：当母材公称厚度不同时，取较薄板的厚度。

3）由于材质或结构等原因，进行返修可能会产生不利后果的焊接接头，各级别的圆形缺陷点数可放宽1~2点。

4）对致密性要求高的焊接接头，制造方底片评定人员应考虑将圆形缺陷的黑度作为评级的依据。通常将黑度大的圆形缺陷定义为深孔缺陷。当焊接接头存在深孔缺陷时，其质量级别应评为Ⅳ级。

5）当缺陷的尺寸小于表3-19中的规定时，分级评定时不计该缺陷的点数。质量等级为Ⅰ级的焊接接头和母材公称厚度T≤5mm的Ⅱ级焊接接头，不计点数的缺陷在圆形缺陷评定区内不得多于10个，超过时该焊接接头质量等级应降低一级。

（6）条形缺陷的质量分级　条形缺陷按表3-20中的规定进行分级评定。

表3-19　不计点数的缺陷尺寸　　　　　　　　　　　　　　（单位：mm）

母材公称厚度 T	缺陷长径
≤25	≤0.5
25<T≤50	≤0.7
>50	≤1.4%T

表3-20　各级别焊接接头允许的条形缺陷长度　　　　　　　　（单位：mm）

级别	单个条形缺陷最大长度	一组条形缺陷累计最大长度
Ⅰ		不允许
Ⅱ	≤T/3（最小可为4）且≤20	在长度为12T的任意选定条形缺陷评定区内，相邻缺陷间距不超过6L的任一组条形缺陷的累计长度应不超过T,但最小可为4
Ⅲ	≤2T/3（最小可为6）且≤30	在长度为6T的任意选定条形缺陷评定区内，相邻缺陷间距不超过3L的任一组条形缺陷的累计长度应不超过T,但最小可为6
Ⅳ		大于Ⅲ级

注：1. L为该组条形缺陷中最长缺陷本身的长度；T为母材公称厚度,当母材公称厚度不同时取较薄板的厚度值。

　　2. 条形缺陷评定区是指与焊缝方向平行的、具有一定宽度的矩形区，T≤25mm，宽度为4mm；25 mm<T≤100mm，宽度为6mm；T>100mm，宽度为8mm。

　　3. 当两个或两个以上条形缺陷处于同一直线上、且相邻缺陷的间距小于或等于较短缺陷长度时，应作为1个缺陷处理，且间距也应计入缺陷的长度之中。

（7）综合评级

1）在圆形缺陷评定区内同时存在圆形缺陷和条形缺陷时，应进行综合评级。

2）综合评级的级别如下确定：对圆形缺陷和条形缺陷分别评定级别，将两者级别之和减1作为综合评级的质量级别。

任务实施

现有两张待评定的焊接接头射线检测底片RT1、RT2，如图3-60和图3-61所示，材质均为15CrMo，板厚20mm。现要求按照NB/T 47013.2—2015《承压设备无损检测 第2部分：射线检测》对该焊接接头进行质量等级评定。

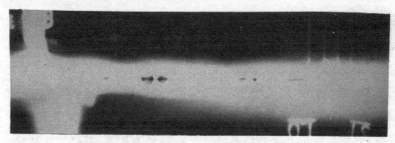

图3-60 底片RT1

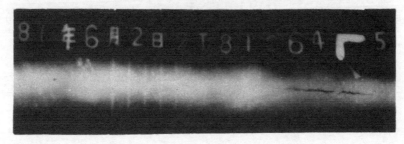

图3-61 底片RT2

1. 工作准备

1）检查评片室环境，光线应暗淡，但不全暗，室内照明用光不得在底片表面产生反射。

2）准备最大亮度不小于100000cd/m²，且观察的漫射光亮度应可调的观片灯。

3）准备一台在有效校验内、性能满足要求的数显型透射式黑度计。

4）准备其他评片器具，如3～5倍放大镜、遮光板、评片尺、记号笔和手套等。

2. 工作程序

1）将观片灯打开，调到适宜亮度，放好遮光板，将底片放在观片灯上进行观察。

2）灵敏度的检查。检查底片RT1、RT2中的像质计型号、规格是否符合要求，位置摆放是否正确；再观察可识别的最细金属丝的编号是否大于等于NB/T 47013.2—2015要求的像质指数。

3）黑度的测量。选择底片RT1、RT2中有代表性的几点来测量。测量后记录下最大和最小黑度值。

注意 一般最大黑度在底片中部焊接接头热影响区附近；最小黑度在底片两端焊缝余高中心

位置。只有当有效评定区内各点的黑度均在规定范围内，才能认为该底片黑度符合要求。

4）标记的检查。检查工件编号、焊缝编号、部位编号、中心标记、搭接标记以及焊工编号、检测日期等是否齐全、摆放是否整齐。

5）背散射的检查。观片时若发现在较黑背景上出现较淡的"B"字，说明背散射严重，应采取防护措施重新拍照；若不出现"B"字或在较淡背景上出现较黑"B"字，则底片可以接受。

6）伪缺陷的检查。在底片评定区内不允许存在妨碍底片评定的伪缺陷。

7）缺陷定性。通览底片，再着重观察评定区内每一影像细节，然后观察每一个缺陷影像的黑度、形状、尺寸，还要观察影像位置、影像延伸方向、影像轮廓清晰程度以及影像的细节特征等，综合各方面因素确定缺陷性质。

图 3-60 所示底片 RT1 中存在着四处缺陷，分别为点状气孔、条状气孔加球状气孔、条状气孔加点状气孔、条状夹渣；图 3-61 所示底片 RT2 中存在着一处缺陷，确定为裂纹。

8）缺陷定级。确定底片评定区缺陷最严重的部位，根据标准的相关条款进行定级。

图 3-60 所示底片 RT1 中缺陷最严重的部位为第二处缺陷，即条状气孔加球状气孔，经测量条状气孔长度为 5mm，球状气孔长径尺寸为 3mm，两缺陷同处于圆形缺陷 10mm×10mm 评定区内，需要综合评级。长度为 5mm 的条状气孔根据表 3-21 评为 Ⅱ级，长径尺寸为 3mm 的球状气孔，计 3 点，根据表 3-19 评为 Ⅰ级，经综合评级最终级别为 Ⅱ级。

图 3-61 所示底片 RT2 中裂纹长度为 18mm+10mm，直接定级为 Ⅳ（2 段裂纹）。

9）记录。在规定的底片评定记录表中按相关要求做好底片评定记录。

课 业 任 务

一、判断题

1. 观察底片时，要注意辨别胶片暗袋背面影像重叠在试样的影像上，因为它很可能是因为底片高度曝光的原因造成的。（　　　）

2. 定影液使用一段时间后，由于定影液成分被挥发，导致定影效果下降。（　　　）

3. 金属增感屏（金属箔或衬纸）的表面应光滑、清洁和平整。（　　　）

二、评片题

1. 图 3-62 所示为某厚度为 14mm 低合金钢板对接焊缝，X 形坡口，焊接方式为自动焊，判断影像中缺陷的性质。

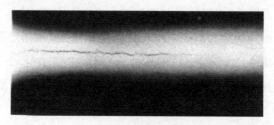

图 3-62　评片题图 1

2. 图 3-63 所示为某钢板对接焊缝，V 形坡口，焊接方式为焊条电弧焊，判断影像中缺陷的性质。

图 3-63 评片题图 2

3. 图 3-64 所示为某钢板对接焊缝，V 形坡口，焊接方式为焊条电弧焊，判断影像中缺陷的性质。

图 3-64 评片题图 3

项目四
超声检测

按照学生的认知规律，分析焊接检测人员工作岗位所需的知识、能力和素质要求，强调教学内容与完成典型工作任务要求相一致，在实训室进行超声检测，选择用直探头、斜探头的检测操作作为教学任务，根据所给的焊缝制订超声检测工艺，编制超声检测报告单，给出修复建议。通过在标准的要求下进行焊接接头的超声检测，培养学生的守法意识和质量意识。建议采用项目化教学，学生以小组的形式来完成任务，培养学生自主学习、与人合作和与人交流的能力。

任务一　超声检测设备和器材

知识目标

1) 理解超声检测的基本原理。

2) 了解 A 型脉冲反射式数字超声检测仪的原理。

3) 了解探头、试块型号及用途等。

能力目标

1) 能够熟练操作 A 型脉冲反射式数字超声检测仪。

2) 能够根据不同的检测工艺，选择探头和试块的型号。

3) 能够进行仪器与探头的配合使用。

任务描述

根据国家标准和行业标准，在焊接完成后要对焊缝进行超声检测，以确定缺陷的存在及位置以及尺寸大小。本次任务主要是了解和熟悉超声检测中所使用的设备，掌握超声检测仪的使用方法，并根据不同的检测工艺，正确选择探头、试块和耦合剂。

知识准备

超声检测（Ultrasonic Test，UT）是利用材料自身或缺陷的声学特性对超声波传播的影响，来检测材料缺陷或某些物理特性的一种无损检测方法。超声波进入物体遇到缺陷时，一部分超声波会产生反射，发射和接收器通过对反射波进行分析，就能非常精确地测出缺陷来，并且能显示内部缺陷的位置和大小，测定材料厚度等。

1. 超声波简介

人耳听到的声音来源于物体的振动。在弹性介质中，如果波源所激发的纵波频率在 20～20000Hz 时，就能引起人耳的听觉，在这个频率范围内的振动称为声振动，此时产生的波动称为声波。当频率低于 20Hz 或高于 20kHz 时，人耳则无法感觉到。为与可听见的声波加以区别，称低于 20Hz 的声波为次声波，高于 20kHz 的声波为超声波。超声检测中实际所发出和接收的频率要比声波高得多，一般为 0.5～25MHz，常用频率为 0.5～10MHz。金属材料超声检测常用频率范围为 1～5MHz，其中 2～2.5MHz 被推荐为焊缝检测的公称频率。

2. 超声波在介质中的传播

超声波是一种机械波，机械振动与波动是超声波检测的物理基础。超声波的波形主要有纵波、横波、表面波和板波等，如图 4-1 所示。而在超声波检测中应用较多的是纵波和横波。

1) 纵波。当弹性介质受到交替变化的正弦拉应力作用时，质点产生疏密相间的纵向振动，并作用于相邻质点而在介质中向前传播。此时介质中质点的振动方向与波的传播方向一致，这种波称为纵波，也称为压缩波或疏密波，如图 4-1a 所示。纵波常用符号 L 表示。任何弹性介质（固体、液体和气体）中都能传播纵波。

2）横波。当弹性介质受到交替变化的正弦剪切力作用时，质点产生具有波峰和波谷的横向振动，并在介质中传播。它的振动方向与波的传播方向相垂直，这种波称为横波，也称为切变波，如图 4-1b 所示。横波常用符号 T 或 S 表示。只在固体介质中传播横波。

3）表面波。在半无限大弹性介质与气体介质的交界面上受到交替变化的表面张力作用时，介质表面的质点就产生相应的纵向和横向振动，其结果导致质点绕其平衡位置做椭圆运动，并作用于相邻质点而在介质表面传播，这种波称为表面波。通常所说的表面波，一般是指瑞利波，如图 4-1c 所示。表面波常用符号 R 表示。图 4-1c 中表示的是瞬时的质点位移状态。

表面波传播深度约为 1~2 个波长范围，其振动随深度的增加而迅速减小。因此，一般认为，表面波检测只能发现距工件表面两倍波长深度内的缺陷。只在固体介质表面传播表面波。

4）板波。当板状弹性介质受到交替变化的表面张力作用而且板厚与波长相当时，与表面波的形成相类似，介质质点产生相应的纵向和横向振动，质点的振动轨迹也是椭圆形，超声场遍布整个板厚。这种波称为板波，也称为兰姆波。板波常用符号 P 表示，如图 4-1d、e 所示。

与表面波不同之处是板波的传播要受到两个界面的束缚，从而形成对称型（S 型）和非对称型（A 型）两种情况。对称型板波在传播中，板的上下表面上质点振动的相位相反，中心面上质点的振动方式类似于纵波。非对称型板波在传播中，上下表面上质点振动的相位相同，中心面上质

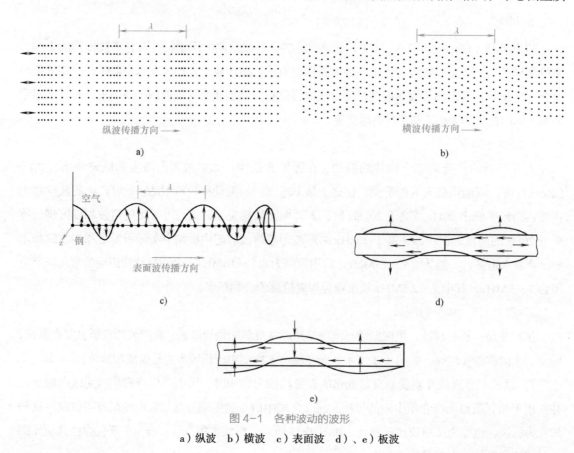

图 4-1　各种波动的波形

a）纵波　b）横波　c）表面波　d）、e）板波

点的振动方式类似于横波。

几种波的特点和区别见表 4-1。

表 4-1　几种波的特点和区别

波的类型		质点振动特点	传播介质	应用
纵　波		质点振动方向平行于波传播方向	固、液、气体介质	钢板、锻件检测等
横　波		质点振动方向垂直于波传播方向	固体介质	焊缝、钢管检测等
表面波		质点做椭圆运动,椭圆长轴垂直于波传播方向,短轴平行于波传播方向	固体介质	钢管检测等
板波	对称型(S型)	上下表面:椭圆运动, 中心:纵向振动	固体介质(板厚与波长相当的薄板)	薄板、薄壁钢管等 ($\delta < 6mm$)
	非对称型(A型)	上下表面:椭圆运动,中心:横向振动		

3. 超声波的获得和超声场

（1）超声波的发射和接收　利用某些材料的物理效应可以实现超声波的发射和接收，实现电能与声能之间的相互转换。

1）逆压电效应与超声波的发射。在如石英、钛酸钡和硫酸锂等天然或人工压电材料制成的压电晶片两面施加高频的交变电场，以致在晶片的厚度方向上出现相应的压缩和伸长变形，这一现象称为压电材料的逆压电效应。在逆压电效应的作用下，压电晶片将随外加电压的变化在其厚度方向上做相应的超声波振动，发出超声波。

2）压电效应与超声波的接收。沿厚度方向做超声波振动的压电晶片的表面随之产生交变电压的现象称为压电材料的压电效应，即把回波信号转变为电信号。接收并显示这一源于超声波振动的交变电压即实现了超声波的接收。

在超声检测中，用以实现上述电声相互转换的声学器件称为超声波换能器，习惯上称为探头。发射和接收纵波的称为直探头，发射和接收横波的称为斜探头或横探头。

（2）超声场　充满超声波的空间或超声波振动所波及的部分介质称为超声场。

一般来说，由于传播条件和传播介质的情况不同，超声场就有不同的形状和范围。确定超声场的几何形状和大小，通常要考虑的因素很多，其中最主要的因素是声源的直径及声波的传播频率（或波长）。实际检测时，准确地确定超声场的形状和大小，对确定缺陷的性质、大小和位置有着重要的意义。

通常称超声探头发出的束状超声场为超声波束（图 4-2）。主声束的截面大，能量集中，并具有很好的指向性，指向性的好坏由指向角 γ 表征。

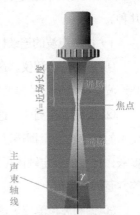

图 4-2　直探头发出的超声波

1）主声束轴线上的声压分布。

在探头附近，主声束轴线上的声压出现若干极大和极小值，这段声程称为超声波主声束的近场。其中距探头最远的声压极大值点至探头表面的距离称为近场长度，用符号 N 表示。近场以外（ $x > N$ ）即为超声波束的远场。

2）近场长度。就直探头发射的纵波声场而言，近场长度可近似地表示为

$$N \approx D^2/4\lambda \tag{4-1}$$

式中　N——近场长度（mm）；

　　　D——直探头压电晶片的直径（mm）；

　　　λ——超声波波长（mm）。

由式（4-1）可见，压电晶片的直径越大，频率越高，探头的近场长度越长。这一结论也定性地适用斜探头发射的横波声场。

在近场区检测定量是不利的，处于声压极小值处的较大缺陷回波可能较低，而处于声压极大值处的较小缺陷回波可能较高，这样就容易引起误判，甚至漏检，因此应尽可能避免在近场区检测定量。

3）指向性。超声场的指向性是指超声波向某一方向集中发射的特性。指向性的优劣由指向角（又称为半扩散角）表征。指向角越小，超声波束的指向性越好，声能量越集中。压电晶片的直径越大，频率越高，超声波束的指向性越好。

4. 超声检测仪器

超声检测仪器是超声检测的主体设备，其作用是产生电振荡并加于换能器（探头）上，激励探头发射超声波，同时将探头送回的电信号进行放大，通过一定方式显示出来，从而得到被探工件内部有无缺陷及缺陷位置和大小等信息。

（1）仪器的分类　超声仪器分为超声检测仪器和超声处理（或加工）仪器，超声检测仪属于超声检测仪器。超声检测技术在现代工业中的应用日益广泛，由于检测对象、检测目的、检测场合、检测速度等方面的要求不同，因而有各种不同设计的超声检测仪，常见的有以下几种。

1）按超声波的连续性分类。

① 脉冲波检测仪。这种仪器通过探头向工件周期性地发射不连续且频率不变的超声波，根据超声波的传播时间及幅度判断工件中缺陷位置和大小，这是目前使用最广泛的检测仪。

② 连续波检测仪。这种仪器通过探头向工件中发射连续且频率不变（或在小范围内周期性变化）的超声波，根据透过工件的超声波强度变化判断工件中有无缺陷及缺陷大小。这种仪器灵敏度低，且不能确定缺陷位置，因而已大多被脉冲波检测仪所代替，但在超声显像及超声共振测厚等方面仍有应用。

③ 调频波检测仪。这种仪器通过探头向工件中发射连续的频率周期性变化的超声波，根据发射波与反射波的差频变化情况判断工件中有无缺陷。以往的调频式电路检测仪便采用这种原理。但由于它只适宜检查与检测面平行的缺陷，所以这种仪器也大多被脉冲波检测仪所代替。

2）按缺陷显示方式分类。

① A 型显示检测仪。A 型显示是一种波形显示，检测仪荧光屏的横坐标代表超声波的传播时间（或距离），纵坐标代表反射波的幅度。由反射波的位置可以确定缺陷位置，由反射波的幅度可以估算缺陷大小。

② B 型显示检测仪。B 型显示是一种图像显示，检测仪荧光屏的横坐标是靠机械扫描来代表探头的扫查轨迹，纵坐标是靠电子扫描来代表超声波的传播时间（或距离），因而可显示出被探工件任一纵截面上缺陷的分布及缺陷的深度。

③ C 型显示检测仪。C 型显示也是一种图像显示，检测仪荧光屏的横坐标和纵坐标都是靠机械扫描来代表探头在工件表面的位置。探头接收信号幅度以光点辉度表示，因而，当探头在工件表面移动时，荧光屏上便显示出工件内部缺陷的平面图像，但不能显示缺陷的深度。

3）按超声波的通道分类。

① 单通道检测仪。这种仪器由一个或一对探头单独工作，是目前超声检测中应用最广泛的仪器。

② 多通道检测仪。这种仪器由多个或多对探头交替工作，每一通道相当于一台单通道检测仪，适用于自动化检测。

目前，广泛使用的是 A 型脉冲反射式超声检测仪，其工作频率按 −3dB 测量应至少包括 0.5 ～ 10MHz 频率范围。

（2）超声检测仪的工作原理　A 型脉冲反射式超声检测仪属于被动声源检测仪，即仪器本身发射超声波，其所发射的超声波是不连续的脉冲波，在工件中遇到缺陷后，在荧光屏是 A 型显示，即以幅度估算缺陷大小。这种仪器是由一个（或多个）探头单独工作，属于单通道检测仪。

数字超声检测仪在电路上有重大改变，数字信号处理是在计算机中用程序来实现的。通常，首先要进行的处理是去除信号中的噪声，其次是将已经去除噪声的信号进行超声检测所需的处理，包括增益控制、衰减补偿和求信号包路线等。超声信号经接收部分放大后，由模数转换器变为数字信号传给计算机，探头的位置可受计算机控制或由人工操作，由转换器将位置变为数字传给计算机。计算机再把随时间和位置变化的超声波形进行适当处理，得出进一步控制检测系统的结论，进而设置有关参数或将处理结果波形、图形等在屏幕上显示、打印出来或给出光、声识别及报警信号。

图 4-3 所示为典型 A 型脉冲反射式数字超声检测仪的原理框图。

在实际检测过程中，当电源接通以后，发射电路被触发产生高频电脉冲作用于探头，通过探头中压电晶片的逆压电效应将电信号转换为声信号发射超声波。超声波进入工件后在工件中传播，在传播过程中遇到缺陷或底面等异质界面后发生反射，反射波被探头接收，通过探头压电晶片的压电效应将声信号转换为电信号送至放大器被放大，然后加到示波管垂直偏转板上，形成一条时基扫描亮线，并将缺陷波 F 和底波 B 按时间展开，从而得到一定形状的波形。由于示波屏上波高与声压成正比，扫描光点的位移与时间成正比，因此可以根据 A 型检测仪示波屏上缺陷波的波高和水平刻度对缺陷进行定量和定位。

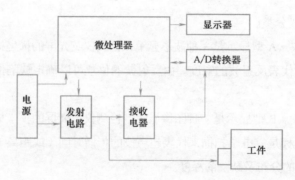

图4-3　典型A型脉冲反射式数字超声检测仪的原理框图

5. 探头

在超声检测中，如何发射超声波以及如何接受反射波，是首要解决的问题。因为它的好坏直接关系到检测的水平。

（1）探头的作用　在超声检测中，超声波的产生和接收过程是一种能量的转换过程，它是通过探头来实现电能和声能的转换的。因此探头又称为超声波换能器，其主要作用如下。

1）实现声电能转换。

2）控制超声波的指向性和干扰区的影响范围。

3）控制工作频率，因为频率越高，波长越短，可提高检测灵敏度。

（2）探头的种类及结构　超声检测中使用的探头因检测对象、目的和条件的不同而不同。其中焊缝超声检测使用的主要是压电晶片面积不超过 $500mm^2$，且任一边长不大于 25mm 的纵波直探头和横波斜探头。

1）直探头。直探头主要检测与检测面平行的缺陷，如板材、锻件检测等。

直探头由外壳、吸收块、压电晶片和保护层等组成，其基本结构如图 4-4a 所示。各部分作用如下。

①压电晶片的作用是发射和接收超声波，实现电声能转换。

②保护层是保护压电晶片不致磨损的，分为硬、软保护层两类，前者用于表面粗糙度较高的工件检测，后者用于表面粗糙度较低的工件检测。

③吸收块（阻尼块）紧贴压电晶片，对压电晶片的振动起阻尼作用。另外它还可以吸收压电晶片背面的杂波，提高信噪比，并且支承压电晶片。

④外壳的作用在于将各部分组合在一起并进行保护。

2）斜探头。斜探头一般由探头芯、透声楔和外壳等部分组成，其基本结构如图 4-4b 所示。在结构上，斜探头与直探头的主要区别是前者在压电晶片的正前方设置了透声楔（斜楔）。纵波以位于第一和第二临界角之间的透声楔角度入射至工件表面，通过波形转换在工件中得到单一的折射横波。透声楔材料的纵波声速应小于工件的横波声速，常用材料为有机玻璃。透声楔的形状设计以楔底反射波经楔内多次反射仍无法返回压电晶片为原则。

（3）探头的型号　我国探头型号的组成包括频率、晶片材料、晶片尺寸、探头种类和特征等。其中频率用数字表示，单位为 MHz。

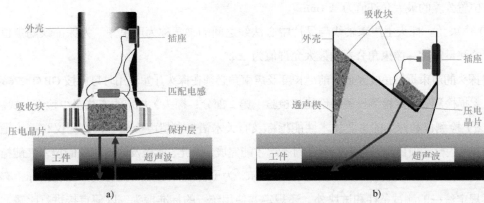

图 4-4　直探头和斜探头的基本结构

a）直探头　b）斜探头

晶片材料用化学元素缩写表示，见表 4-2。

晶片尺寸用数字表示，单位为 mm。

表 4-2　晶片材料代号

晶片材料	锆钛酸铅	钛酸钡	钛酸铅	铌酸锂	石英	碘酸锂	其他
代号	P	B	T	L	Q	I	N

探头种类用汉语拼音字母表示，见表 4-3。

探头特征用数字表示，如 K 值、水中焦距等。

表 4-3　探头种类代号

种类	直探头	斜探头（K值）	斜探头（折射角）	分割探头	水浸探头	表面波探头	可变角探头
代号	Z	K	X	FG	SJ	BM	KB

举例说明如下。

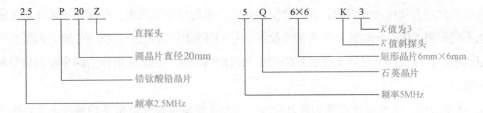

（4）斜探头的主要性能　除公称频率和晶片尺寸外，斜探头的主要性能如下。

1）声束折射角（K 值）。声束折射角的正切称为探头的 K 值。为简化缺陷定位的计算步骤，K 值一般取为整数。斜探头的公称折射角为 45°、60° 或 70°；K 值为 1.0、1.5、2.0、或 2.5。折射角的实测值与公称值的偏差应不超过 ±2°；K 值的偏差不应超过 ±0.1。

2）斜探头前沿长度。斜探头的声束入射点至探头前端的水平距离称为斜探头的前沿长度，入射点位置公差的最大允许值为 ±1mm。

3）声束角。探头主声束轴线与晶片中心法线之间的夹角称为声束角。为保证缺陷定位与指示长度的测量精度，声束角公差的最大允许值为 ±2°。

斜探头的声束折射角或 K 值、前沿长度及声束角必须在探头开始使用时每周按 GB/T 27664.2—2011《无损检测 超声检测设备的性能与检验 第 2 部分：探头》规定的方法至少检查一次。

（5）检测仪和探头的主要技术性能指标及有关术语 在超声检测中，检测仪和探头是配套使用的，一些检测项目也只有它们组合到一起才能完成。因此，所提及的检测仪的技术性能指标，有些实际上是检测仪和探头的综合技术性能指标。为了客观评定检测仪的技术性能指标，有些国家除了规定统一的测试条件和试块外，还规定要使用统一的标准探头，以便直接进行比较。我国目前的检测仪和探头往往都是有制造商配套提供的，对于探头的技术性能指标还没有统一的规定和通用系列化，不同制造商的检测仪和试块之间严格地说起来还不能任意选配，这样，检测仪和探头也还有一些各自独立的技术性能指标。

1）标准频率与回波频率。标准频率是制造商在检测仪和探头上标注的频率，对于宽频带检测仪来说是一个范围标准。当检测仪和探头组合使用时，经被探工件中传播后返回的声波频率称为回波频率。回波频率除了取决于检测的发射电路及探头组合性能外，还受辐射声阻抗大小和工件表面耦合状况等多方面因素的影响，需进行测试。

2）灵敏度。超声检测中灵敏度的广义概念是发现缺陷的能力。检测仪的灵敏度是通过调整发射功率、发射脉冲宽度、增益和抑制等使检测系统在一定条件下能够发现欲探测的最小缺陷的能力。影响检测仪灵敏度的因素主要有探测频率、检测仪放大器功能、探头特性及被探工件材质等。理论上认为超声探测的缺陷最小当量尺寸为 1/2 波长。

3）盲区。从检测面到能够测出缺陷的最小距离，即在此区域内无法检测缺陷成为盲区。影响检测仪盲区的重要因素有发射强度、发射脉冲宽度、放大器恢复时间和晶片的 θ 值。

4）分辨力。分辨力也称为分辨能力或分辨率，它是超声检测系统在时间轴上分开两个相临缺陷回波的能力，通常用两个相临缺陷之间的距离来表示（或分贝值表示）。一般说的分辨力多指远距离分辨力。影响分辨力的因素主要有发射波的强度、发射波的宽度和晶片 θ 值。分辨力尚可分为纵向分辨力和横向分辨力。纵向分辨力是在声束的作用范围内，在探测仪荧光屏上能够把距探头不同距离的两个相临缺陷作为两个反射信号相区别出来的能力。横向分辨力则是在声束的作用范围内，在探测仪荧光屏上能够把距探头相同距离的两个相临缺陷作为两个反射信号相区别出来的能力。

5）水平线性。水平线性也称为时基线性，它是指检测仪荧光屏水平扫描线上显示的多次波底之间间隔距离相等的程度。实际上水平线性的好坏就是检测仪水平扫描速度的均匀程度。水平线性差指的是水平扫描单位长度所代表的时间（或探测距离）是不均匀的。影响水平线性的主要因素是时基电路和显示系统等。

6）垂直线性。垂直线性是指检测仪荧光屏上反射波高度与接收信号之间正比关系的程度。影响垂直线性的主要因素是放大器和示波管的性能。

7）动态范围。动态范围是指反射信号从垂直极限（有的标准规定为垂直极限的80%）衰减到消失时所需的衰减量。对于垂直线性好的检测仪，动态范围的含义是线性范围内所能探测的最大缺陷与最小缺陷之比。影响动态范围的主要因素有探头和放大器的线性范围及荧光屏面积的大小等。

仪器和探头的性能包括仪器的性能、探头的性能及仪器与探头的综合性能。

1）仪器的性能是指仅与仪器有关的性能，如仪器的垂直线性、水平线性和动态范围等。

2）探头的性能是指仅与探头有关的性能，如探头的入射点、K值或折射角、主声束偏离和双峰情况等。

3）仪器与探头的综合性能是指不仅与仪器有关，而且与探头有关的性能，如分辨力、盲区和灵敏度等。

6. 试块

（1）试块的作用　按一定的用途设计制作的、具有简单几何形状人工反射体的标准块，称为试块。试块的主要作用如下。

1）测定仪器和探头的性能。仪器和探头的一些性能常利用试块来测定，如垂直线性、水平线性、分辨力和盲区等。

2）确定检测灵敏度。每台仪器的灵敏度都有一定的调整范围，检测前需要利用试块来调整检测灵敏度，以便能在最大深度处发现规定大小的缺陷。

3）调整扫描速度（时基线比例）。一般检测前要利用试块来调整扫描速度，以便对缺陷定位。

4）评价缺陷的当量大小。检测中在 $x < 3N$ 以内发现缺陷时，采用试块比较法来确定缺陷的当量大小。

（2）试块的分类

1）标准试块（STB试块）。标准试块是指由权威机构制定的试块，取英文"Standard Test Block"的字头STB表示。它是具有规定的化学成分、表面粗糙度、热处理及几何形状的材料块，用于评定和校准超声检测设备，即用于仪器探头系统性能校准的试块。这种试块若由国际机构制定，则称为国际标准试块，如国际焊接协会IIW试块。这种试块若由国家机构制定，则称为国家标准试块。

2）对比试块（RB试块）。对比试块又称为参考试块，是由各个部门按某些具体检测对象制定的试块，取英文"Reference Block"字头RB表示。它是指与被检工件或材料化学成分相似，含有意义明确参考反射体（反射体应采用机加工方式制作）的试块，用以调节超声检测设备的幅度和声程，以将所检出的缺陷信号与已知反射体所产生的信号相比较，即用于检测校准的试块。这种试块常用于调整检测的灵敏度，调整检测范围和确定当量大小等。

（3）常用试块

1）CSK-IA试块（图4-5）。采用20钢制造。

① ϕ50mm、ϕ44mm、ϕ40mm 台阶孔用于测定横波斜探头的分辨力。

② R100mm、R50mm 阶梯圆弧用于调整横波扫描速度和探测范围。

③ 试块上标定 K 值，从而可直接测出横波斜探头的 K 值。

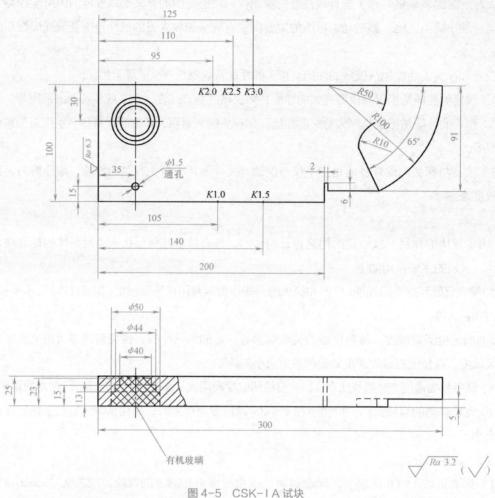

图4-5　CSK-ⅠA试块

2）CSK-ⅡA试块（图4-6）。它的材质与被检工件材质相同或相近。CSK-ⅡA试块的主要用途如下。

① 绘制距离－波幅曲线。

② 调整绘制范围和扫描速度。

③ 调节和检验检测灵敏度。

④ 测定斜探头的 K 值。

⑤ 用不同深度的横孔校验仪器的放大线性及探头的声束指向性。

3）CSK-ⅢA试块（图4-7）。它的材质是与CSK-ⅠA试块相同。CSK-ⅢA试块的主要用途与CSK-ⅡA试块相同。

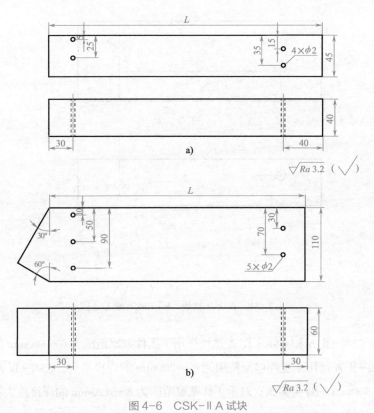

图 4-6　CSK-ⅡA 试块

a）CSK-ⅡA-1 试块　b）CSK-ⅡA-2 试块

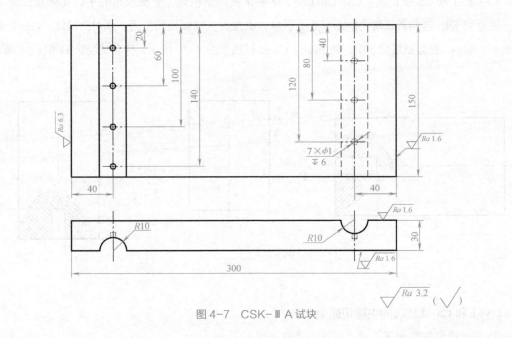

图 4-7　CSK-ⅢA 试块

4）CSK-ⅣA 试块（图 4-8）。图 4-8 中 L 为试块长度，由使用的声程确定；尺寸误差为 ±0.05mm 之间。

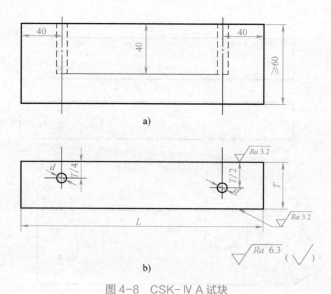

图 4-8　CSK- Ⅳ A 试块

a）CSK- Ⅳ A-1 试块　b）CSK- Ⅳ A-2 试块

　　CSK- Ⅰ A、CSK- Ⅱ A 和 CSK- Ⅳ A 试块适用于工件壁厚范围为 6 ~ 500mm 的焊接接头超声检测，其中 CSK- Ⅱ A 适用于工件壁厚范围为 6 ~ 200mm 的焊接接头，CSK- Ⅳ A 适用于工件壁厚范围为 200 ~ 500mm 的焊接接头；对于工件壁厚范围为 8 ~ 120mm 的焊接接头超声检测，也可采用 CSK- Ⅲ A 试块。

　　5）CS-1 和 CS-2 试块。CS-1 和 CS-2 试块是我国原机械工业部颁布的平底孔标准试块，材质一般为 45 钢。这两种试块为圆形平底孔试块，供直探头纵波检测使用，属对比试块。CS-1 试块如图 4-9 所示，整套试块分 5 组，共 26 块。CS-2 试块如图 4-10 所示，整套试块分 11 组，共 66 块。

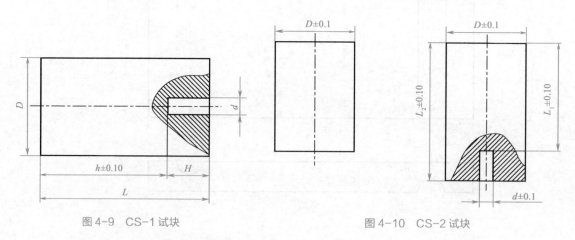

图 4-9　CS-1 试块　　　　　　　　　　图 4-10　CS-2 试块

　　CS-1 和 CS-2 试块的主要用途如下。

　　① 测试检测仪的水平、垂直线性和动态范围。

　　② 测试直探头和检测仪的组合性能，如灵敏度、始波宽度等。

　　③ 绘制距离 - 波幅当量曲线。

④ 调节检测仪灵敏度。

⑤ 确定缺陷的平底孔当量尺寸。

7. 耦合剂

耦合就是实现声能从探头向工件的传递。为了提高耦合效果，在探头与工件表面之间施加的一层透声介质称为耦合剂。耦合剂的作用在于排除探头与工件表面之间的空气，使超声波能有效地传入工件，达到检测的目的。

超声检测中使用的耦合剂，从声传递的角度来说要求具备下列性质。

1）容易附着在工件的表面上，有足够的润湿性，以排除探头与检测面之间由工件表面粗糙度造成的空气薄层。

2）声阻抗尽量与被检测材料的声阻抗相差小一些，以利声能尽可能多地进入工件。

从实用角度来说，耦合剂还要求具备下列性质

1）对人体无害，对工件无腐蚀作用。

2）容易清除。

3）来源方便，价格低廉。

表 4-4 给出了几种主要耦合剂的密度、声速和声阻抗值。

表 4-4　几种主要耦合剂的密度、声速和声阻抗值

耦合剂	密度/(g/cm³)	声速/(m/s)	声阻抗/(kg/m² · s)
水（20℃）	1.0	1.48	1.50
甘油（100%）	1.27	1.88	2.38
水玻璃（体积分数33%）	1.26	1.72	2.17
机油	0.52	1.39	1.28

由此可见，甘油声阻抗高，耦合性能好，常用于一些重要工件的精确检测，但价格较贵，对工件有腐蚀作用。水玻璃声阻抗较高，常用于表面粗糙的工件检测，但清洗不太方便，且对工件有腐蚀作用。水的来源广，价格低，常用于水浸检测，但易使工件生锈。机油黏度、流动性、附着力适当，对工件无腐蚀、价格也不贵，因此是目前应用最广的耦合剂。

此外，近年来化学浆糊也常用来做耦合剂，耦合效果比较好。

任务实施

1. 工作准备

（1）设备及器材准备　数字超声检测仪、直探头、斜探头、试块和耦合剂等。

（2）设备连接　数字超声检测仪与探头连接、开机和熟悉仪器等。

2. 工作程序

（1）水平线性　按 NB/T 47013.3—2015 规定，水平线性误差不大于 1%。

1）将检测仪"抑制"置于"0"或"关"，其他调整取适当值。

水平线性测试

2）将探头压在试块上，中间加适当的耦合剂，以保持稳定的声耦合。调节检测仪，使屏幕上显示出第 6 次底波，如图 4-11 所示。

3）当底波 B_1 与 B_6 的幅度分别为 50% 满刻度时，将它们的前沿分别对准刻度 0 和 100（设水平全刻度为 100 格）。B_1 与 B_6 的前沿位置在调整中如相互影响，则应反复进行调整。

4）再依次分别将底波 B_2、B_3、B_4 和 B_5 调到 50% 满刻度，并分别读出底波 B_2、B_3、B_4 和 B_5 的前沿与刻度 20、40、60、80 的偏差 A_2、A_3、A_4、A_5（以格数计），然后取其中最大的偏差值 A_{max}。图 4-11 中的 $B_1 \sim B_6$ 是分别调到同一幅度，而不是同时达到此幅度。

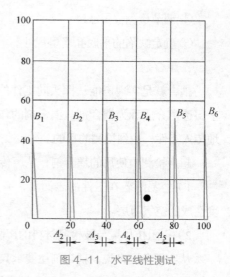

水平线性误差为

$$\Delta L = |A_{max}|\% \tag{4-2}$$

图 4-11 水平线性测试

（2）垂直线性　按 NB/T 47013.3—2015 规定，垂直线性误差不大于 5%。

1）将检测仪"抑制"置于"0"或"关"，其他调整取适当值。

2）将探头压在试块上，中间加适当的耦合剂，以保持稳定的声耦合，并将平底孔的回波调至屏幕上时基线的近中央处。

3）调节衰减器或探头位置，使孔的回波高度恰为 100% 满刻度，此时衰减器至少应有 30dB 的衰减余量。

垂直线性测试

4）以每次 2dB 的增量调节衰减器，每次调节后用满刻度的百分值记下回波幅度，一直继续到衰减值为 26dB，测量精度 0.1%，测试值与波高理论值之差为偏差值，从中取最大正偏差 $d(+)$ 和最大负偏差 $d(-)$ 的绝对值之和为垂直线性误差 Δd（以百分值计），即

$$\Delta d = |d(+)| + |d(-)| \tag{4-3}$$

5）按 4）的方法将衰减值增加到 30dB，判定这时是否能清楚地确认回波的存在。回波的消失情况代表检测系统的动态范围。

（3）灵敏度余量　灵敏度是超声检测仪与探头组合后所具有的探测最小缺陷的能力。可检出的缺陷越小或检出同样大小缺陷的可探测距离越大，表示仪器和探头组合后的灵敏度越高。本测试为了检查超声检测系统的灵敏度的变化情况，用灵敏度余量表示。按 NB/T 47013.3—2015 规定，直探头灵敏度余量不小于 32dB，斜探头灵敏度余量不小于 42dB。灵敏度余量的测试规定在电噪声电平不大于 10% 的条件下进行。

1）将检测仪"抑制"置于"0"或"关"，其他调整取适当值，最好选取在随后检测工作中将使用的值。

灵敏度余量测试

2）将检测仪增益调至最大。但如电噪声较大时，则应降低增益（调解增益控制器或衰减器），使电噪声电平降至 10% 满刻度。设此时衰减器的读数为 S_0。

3）将探头压在试块上，中间加适当的耦合剂，以保持稳定的声耦合。调节衰减器使平底孔回波高度降至 50% 满刻度。设此时衰减器的读数为 S_1。

4）超声检测系统的灵敏度余量（以 dB 表示）由下式给出，即

$$S=S_1-S_0 \tag{4-4}$$

（4）分辨力 分辨力的优劣，以能区分的两个缺陷的最小距离表示。本测试是为了检查超声检测系统的分辨能力。按 NB/T 47013.3—2015 规定，直探头远场分辨力不小于 20dB，斜探头远场分辨力不小于 12dB。

1）直探头分辨力测试。

① 将检测仪"抑制"置于"0"或"关"，其他调整取适当值。

② 将探头压在 CSK-ⅠA 试块上，如图 4-12 所示的位置，中间加适当的耦合剂以保持稳定的声耦合。

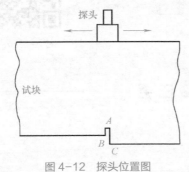

图 4-12 探头位置图   直探头分辨力测试

③ 调整仪器的增益并左右移动探头，使来自 A、B 两个面的回波幅度相等并为 20% ~ 30% 满刻度，如图 4-13 所示 h_1。

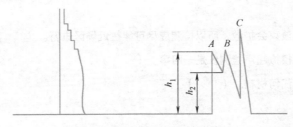

图 4-13 直探头的回波幅度图

④ 调节衰减器，使 A、B 两波峰之间的波谷上升到原来波峰高度，此时衰减器释放的分贝数（等于用衰减器读出的缺口深度 h_1/h_2 之值）即为以分贝值表示的超声检测系统的分辨力。

2）斜探头分辨力测试。

① 将检测仪"抑制"置于"0"或"关"，其他调整取适当值。

② 根据斜探头的折射角或 K 值，将探头压在 CSK-ⅠA 试块上，其位置如图 4-14a、b 所示，中间加适当的耦合剂以保持稳定的声耦合。移动探头位置使来自 $\phi50mm$ 和 $\phi44mm$ 两孔的回波 A、B 幅度相等，并为 20% ~ 30% 满刻度，如图 4-15 所示 h_1。

③ 调节衰减器，使 A、B 两波峰间的波谷上升到原来波峰高度，此时衰减器所释放的分贝数（等于用衰减器读出的缺口深度 h_1/h_2 之值）即为以分贝值表示的超声检测系统（斜探头）分辨力。

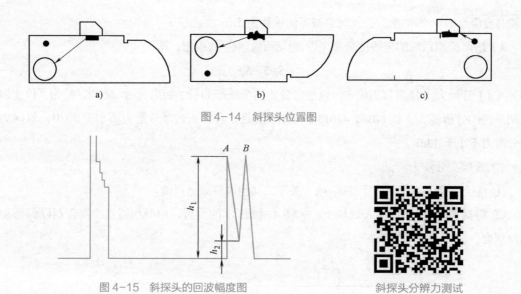

图 4-14　斜探头位置图

图 4-15　斜探头的回波幅度图

斜探头分辨力测试

课 业 任 务

一、填空题

1. 超声波是机械波, 其频率范围为_____。

2. 介质中质点振动方向和传播方向垂直时, 此波称为_____。介质中质点振动方向和波的传播方向平行时, 此波称为_____。横波的声速比纵波的声速_____。焊缝检测主要用_____。

3. 声强就是在_____内_____通过_____的超声能量, 其具有_____的概念。

二、判断题

1. 由于在远场区超声波束会扩散, 所以检测应尽可能在近场区进行。(　　　)

2. 数字超声检测仪和模拟超声检测仪是一回事。(　　　)

3. 超声检测法适用于任何材料。(　　　)

三、简答题

1. 超声检测是利用了超声波的哪些特性?

2. 什么是压电效应?

3. 简述 A 型脉冲反射式数字超声检测仪的工作过程。

任务二　锻件的超声检测

知识目标

1) 理解锻件超声检测原理。

2) 熟悉锻件超声检测的一般流程。

3) 了解锻件超声检测有关的标准。

1）会利用数字超声检测仪对锻件进行缺陷检测。

2）能准确确定缺陷位置，对缺陷进行判别并按照有关标准进行质量评定。

任务描述

使用数字超声检测仪对锻件进行缺陷检测，利用相应的国家标准确定缺陷的等级。

知识准备

锻件是由热态钢锭经锻压变形而成。锻压过程包括加热、形变和冷却。锻压的方式大致分为镦粗、拔长和滚压。镦粗是锻压力施加于坯料的两端，形变发生在横截面上。拔长是锻压力施加于坯料的外圆，形变发生在长度方向上。滚压是先镦粗坯料，然后冲孔，再插入芯棒，并在外圆上施加压力。滚压既有纵向形变，又有横向形变。其中镦粗主要用于饼类锻件，拔长主要用于轴类锻件，而筒类锻件一般先镦粗后冲孔再滚压。

1. 锻件中常见缺陷

为了改善锻件组织性能，锻后还要进行正火、退火或调质等热处理。

锻件中的缺陷按缺陷形成的时期可分为铸造缺陷、锻造缺陷和热处理缺陷。铸造缺陷主要有缩孔残余、疏松、夹杂和裂纹等。锻造缺陷主要有折叠、白点和裂纹等。热处理缺陷主要有裂纹和白点等。

缩孔残余是钢锭中的缩孔在锻造时切头量不足残留下来的，多见于锻件的端部，在轴向有较大的延伸长度。

疏松是钢锭在凝固收缩时形成的不致密和孔穴，锻造时因锻造比不足而未全部焊合，多出现在大型锻件中。

夹杂有内在夹杂、外来非金属夹杂和金属夹杂。内在夹杂主要集中于钢锭中心及头部。

裂纹的形成原因很多。奥氏体钢轴心晶间裂纹就是铸造引起的裂纹。锻造和热处理不当，会在锻件表面或心部形成裂纹。

白点是由于锻件含氢量较高，锻后冷却过快，钢中溶解的氢来不及逸出造成应力过大引起的。白点主要集中于锻件大截面中心。合金质量分数超过 3.5% ~ 4.0% 和含 Cr、Ni、Mo 的合金钢大型锻件容易产生白点。白点在钢中总是成群出现。

2. 检测分类

锻件检测可分为原材料检测、制造过程中检测、产品检测及在役检测。原材料检测和制造过程中检测的目的是及早发现缺陷，以便及时采取措施，避免缺陷发展扩大造成报废。产品检测的目的是保证产品质量。在役检测的目的是监督运行后可能产生或发展的缺陷，主要是疲劳裂纹。

经过锻造的工件中的缺陷具有一定的方向性。通常缺陷的分布和方向与锻造流线方向有关。为了得到最好的检测效果，应尽可能使超声波束与锻造流线方向垂直。例如：轴类锻件的锻造工艺主要以拔长为主，因而大部分缺陷的取向与轴线平行，此类锻件的检测以纵波直探头从径向检测效果最佳。考虑到缺陷会有其他的分布及取向，因此轴类锻件检测还应辅以直探头轴向检测和斜探头周向检测及轴向检测。模锻件的变形流线是与外表平行的，检测时要尽量使声束与外表面垂直，采用水浸法比较容易实现。

3. 检测条件的选择

（1）探头的选择　锻件超声检测时，主要使用纵波直探头，晶片直径为 $\phi 10 \sim \phi 30mm$，常用 $\phi 20mm$。对于较小的锻件，考虑近场区和耦合损耗原因，一般采用小晶片探头。有时为了检测与检测面成一定倾角的缺陷，也可采用一定 K 值的探头进行检测。对于近距离缺陷，由于直探头的盲区和近场区的影响，常采用双晶直探头检测。锻件的晶粒一般细小，因此可选用较高的检测频率，常用 $2.5 \sim 5.0MHz$。对于少数晶粒粗大、衰减严重的锻件，为了避免出现"林状回波"，提高信噪比，应选用较低的频率，一般为 $1.0 \sim 2.5MHz$。

NB/T 47013.3—2015 中对于探头晶片直径的要求：探头标称频率应选用 $1 \sim 5MHz$，双晶直探头晶片面积不小于 $150mm^2$，单晶直探头晶片直径为 $\phi 10 \sim \phi 40mm$。

（2）耦合的选择　在锻件检测时，为了实现较好的声耦合，一般要求检测面的表面粗糙度 Ra 值不高于 $6.3\mu m$，表面平整均匀，无划伤、油垢、污物、氧化皮和油漆等。检测面是光滑的表面，满足入射面的要求，以提高灵敏度。当在试块上调节检测灵敏度时，要注意试块与锻件之间因曲率和表面粗糙度不同引起的耦合损失。

锻件检测时，常用机油、浆糊和甘油等作为耦合剂。当锻件表面较粗糙时，也可选用水玻璃作为耦合剂。

（3）扫查面的选择　在锻件检测时，原则上应在检测面上从两个相互垂直的方向进行全面扫查，扫查面积尽可能 100% 覆盖锻件的表面。在扫查时，每条扫查轨迹的宽度应相互有重叠覆盖，大致应为探头直径的 15%，探头扫查的移动速度不大于 150mm/s。扫查过程中要注意观察缺陷波的情况和底波的变化情况。检测厚度大于 400mm 的锻件时，应从相对的表面进行 100% 的扫查。

（4）试块的选择　在锻件检测中，要根据探头和检测面的情况选择试块。检测厚度 > $3N$ 时可采用计算法确定基准灵敏度；检测厚度 < $3N$ 时需采用标准试块确定基准灵敏度。采用单晶直探头检测时，调节检测灵敏度和对缺陷定量时用 CS-1 试块；锻件小于 45mm 采用双晶直探头时，调节检测灵敏度和对缺陷定量时用 CS-2 试块。

（5）检测时机　锻件超声检测应在热处理后进行，因为热处理可以细化晶粒、减少衰减，此外还可以发现热处理过程中产生的缺陷。对于带孔、槽和台阶的锻件，超声波应在孔、槽和台阶加工前进行。因为孔、槽、台阶对检测不利，容易产生各种非缺陷回波。表面粗糙度 Ra 值不高于 $6.3\mu m$。

当热处理后材质衰减仍较大且对于检测结果有较大影响时，应重新进行热处理。

4. 锻件检测

（1）扫描速度的调节　锻件检测前，一般根据锻件要求的检测范围来调节扫描速度，以便发现缺陷后对缺陷定位。扫描速度的调节可在试块上进行，也可在锻件上尺寸已知的部位上进行。在试块上调节扫描速度时，试块的声速应尽可能与锻件相同或相近。

调节扫描速度时，一般要求第一次底波前沿位置不超过水平刻度极限的 80%，以利观察一次底波之后的某些信号情况。

（2）检测灵敏度的调节　锻件检测起始灵敏度是由锻件技术要求或有关标准确定的，一般不低于 $\phi 2mm$ 平底孔当量直径。调节锻件检测起始灵敏度的方法有两种，一种是利用锻件底波来调节，另一种是利用试块来调节。

（3）纵波（直探头）检测时缺陷定位　仪器按 $l:n$ 调节纵波扫描速度，缺陷波前沿所对的水平刻度为 τ_f，则缺陷至探头的距离 x_f 为

$$x_f = n\tau_f \tag{4-5}$$

探头波束轴线不偏离，则缺陷正位于探头中心轴线上。

例如：用纵波直探头检测某锻件，仪器按 $1:2$ 调节纵波扫描速度，检测中屏幕上水平刻度值 70 处出现一缺陷波，那么此缺陷至探头的距离 x_f 为

$$x_f = n\tau_f = 2 \times 70mm = 140mm$$

（4）缺陷大小的测定　在锻件检测中，对于尺寸小于波束截面的缺陷一般用当量法定量。若缺陷位于 $x \geqslant 3N$ 区域内时，常用当量计算法和当量 AVG 曲线法定量；若缺陷位于 $x < 3N$ 区域内时，常用试块比较法定量。对于尺寸大于波束截面的缺陷，一般采用测长法。常用的测长法有 6dB 法和端点 6dB 法。必要时还可以采用底波高度法来确定缺陷的相对大小。

（5）缺陷回波判别　在锻件检测中，不同性质的缺陷回波是不同的，实际检测时可根据屏幕上的缺陷回波情况来分析缺陷的性质和类型。

1）单个缺陷回波。在锻件检测中，屏幕上单独出现的缺陷回波称为单个缺陷回波。一般单个缺陷是与邻近缺陷间距大于 50mm、回波高不小于 $\phi 2mm$ 的缺陷，如锻件中单个的夹层、裂纹等。检测中遇到单个缺陷时，要测定缺陷的位置和大小。当缺陷较小时，用当量法定量；当缺陷较大时，用 6dB 法测定其面积范围。

2）分散缺陷回波。在锻件检测中，若锻件中的缺陷较多且较分散，缺陷彼此间距较大，则这种缺陷回波称为分散缺陷回波。一般在边长为 50mm 的立方体内少于 5 个、不小于 $\phi 2mm$，如分散性夹层。分散缺陷一般不太大，因此常用当量法定量，同时还要测定分散缺陷的位置。

3）密集缺陷回波。在锻件检测中，若屏幕上同时显示的缺陷回波甚多，波与波之间的间隔距离甚小，有时波的下沿边成一片，则这种缺陷回波称为密集缺陷回波。

密集缺陷可能是疏松、非金属夹杂物、白点或成群的裂纹等。

锻件内不允许有白点缺陷存在，这种缺陷的危险很大。通常白点的分布范围较大，且基本集中于锻件的中心部位。清晰、尖锐、成群的白点有时会使底波严重下降或完全消失。这些特点是判断锻件中白点的主要依据，如图 4-16 所示。

4）游动回波。在圆柱形轴类锻件检测过程中，当探头沿着外圆移动时，屏幕上的缺陷波会随着该缺陷探测声程的变化而游动，这种游动的动态波形称为游动回波。

游动回波的产生是由于不同波束射至缺陷产生反射引起的。波束轴线射至缺陷时，缺陷声程小，回波高。扩散波束射至缺陷时，缺陷回波声程大，回波低。这样同一缺陷回波的位置和高度随探头移动发生游动（图 4-17）。

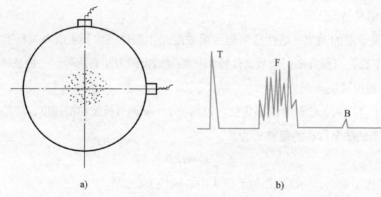

图 4-16　锻件中白点回波

a）白点分布　b）白点波形

T—初始波　F—缺陷波　B—底波回波

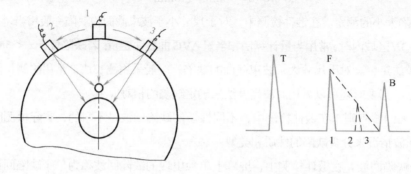

图 4-17　游动回波

不同的检测灵敏度，同一缺陷回波的游动情况不同。一般可根据检测灵敏度和回波的游动距离来鉴别游动回波。一般规定游动范围达 25mm 时，才算游动回波。根据缺陷游动回波包络线的形状，可粗略地判别缺陷的形状。

（6）锻件质量级别评定。按 NB/T 47013.3—2015 标准规定，缺陷的质量等级见表 4-5。当判定反射信号为白点、裂纹等危害性缺陷时，锻件的质量等级为 V 级。

表 4-5　锻件超声检测缺陷质量等级　　　　　　　　　（单位：mm）

等级	I	II	III	IV	V
单个缺陷 当量平底孔直径	≤ϕ4	≤ϕ4+6dB	≤ϕ4+12dB	≤ϕ4+18dB	>ϕ4+18dB
由缺陷引起的底波 降低量BG/BF	≤6dB	≤12dB	≤18dB	≤24dB	>24dB
密集区缺陷当量直径	≤ϕ2	≤ϕ3	≤ϕ4dB	≤ϕ4+4dB	>ϕ4+4dB
密集区缺陷面积占检测 总面积的百分比(%)	0	≤5	≤10	≤20	>20

注：1. 由缺陷引起的底波降低量仅适合于声程大于近场长度的缺陷。

2. 表中不同种类的缺陷分级应独立使用。

3. 密集区缺陷面积是指反射波幅大于等于 ϕ2mm 当量平底孔直径的密集区缺陷。

任务实施

1. 工作准备

（1）设备及器材准备　数字超声检测仪、直探头、斜探头、试块和耦合剂等。

（2）设备连接　数字超声检测仪与探头连接、开机和参数设定等。

2. 工作程序

（1）调节扫描速度　具体调节方法是：将纵波探头对准厚度适当的平底面或曲底面，使两次不同的底波分别对准相应的水平刻度。

（2）锻件检测　将探头置于被检测锻件的检测面上，如图 4-18 所示。在锻件检测中，主要采用纵波直探头检测，因此可根据屏幕上缺陷波前沿所对的水平刻度和扫描速度来确定缺陷在锻件中的位置。

记录缺陷坐标值（X，Y）如图 4-19 所示。

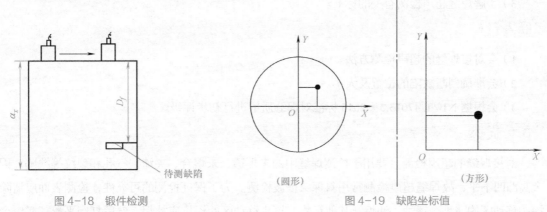

图 4-18　锻件检测　　　　　　　　　　　　　　　　图 4-19　缺陷坐标值

记录锻件坐标值时，明确锻件的实际标号位置，确定 X、Y 坐标轴，在锻件检测报告表（表 4-6）中正确记录锻件坐标值。

表 4-6　锻件检测报告表

缺陷序号	X/mm	Y/mm	H/mm	L/B/mm	SF/S(%)	BG/BF/dB	A_{max} (ϕ4mm±dB)	评定	备注
	缺陷横坐标	缺陷纵坐标	缺陷深度	缺陷长、宽	缺陷面积与锻件面积之比	无缺陷处底波与缺陷最大处底波之差	缺陷最大相对ϕ4mm平底孔的当量		

注意：在检测过程中，手不松开探头，保持探头与锻件的耦合，用力均匀地进行扫查工作，正确记录检测数据。数据 ±dB 在检测过程中可能出现 +dB 或 −dB，应根据实际值记录。

锻件检测

---------------- 课 业 任 务 ----------------

简答题

1. 锻件中常见缺陷有哪些?

2. 锻件检测时,应如何选择探测条件?

任务三　平板对接焊缝超声检测

知识目标

1)理解焊缝超声检测原理。

2)熟悉焊缝超声检测的一般流程。

3)了解焊缝超声检测有关的标准。

能力目标

1)会对接焊缝的超声检测方法。

2)会准确判断缺陷的位置及大小。

3)会根据 NB/T 47013.3—2015 标准对焊缝质量进行初步评级。

任务描述

对接焊缝的超声检测主要用于检测焊缝中的未焊透、未熔合、夹渣、气孔和裂纹等缺陷。因余高凸凹不平,故焊缝超声检测常用斜探头横波检测。为了保证检测的可靠性,检测表面应清除探头移动区的飞溅、锈蚀、油垢及其他污物。探头移动区的深坑应补焊,然后打磨平滑,露出金属光泽,以保证良好的声学接触。对接焊缝超声检测的根本任务是通过探头对被测焊缝的扫查,判定缺陷的位置及大小,从而对焊接质量进行评定,确定出产品的等级。

知识准备

1. 超声检测技术等级

根据质量要求,超声检测等级分为 A、B、C 三级,检测的完善程度 A 级最低,B 级一般,C 级最高,检测工作的难度系数按 A、B、C 顺序逐级增高。应按照工件的材质、结构、焊接方法、使用条件及承受载荷的不同,合理选用检测级别。超声检测技术等级选择应符合制造、安装、在用等有关规定、标准及设计图样规定。确定检测技术等级一般是承压设备设计单位或者设计人员根据该设备的使用情况(介质、温度和压力等)及在装置中的重要程度确定。

NB/T 47013.3—2015《承压设备无损检测　第 3 部分:超声检测》中规定:承压设备焊接接头的制造、安装时的超声检测,一般应采用 B 级超声检测技术等级进行检测;对重要设备的焊接接头,可采用 C 级超声检测技术等级进行检测。

(1)A 级检测　A 级检测适用于与承压设备相关的支承件和结构件焊接接头检测。A 级检测适用于工件厚度为 6~40mm 焊接接头的检测。可用一种折射角(K 值)斜探头采用直射法和一次反射波法在焊接接头的单面双侧进行检测。如受条件限制，也可以选择双面单侧或单面单侧进行检测。焊接接头一般不要求进行横向缺陷的检测。

（2）B级检测　B级检测适用于一般承压设备对接焊接接头检测。

1）B级检测适用于工件厚度为6～200mm焊接接头的检测。

2）焊接接头一般应进行横向缺陷的检测。

3）对于要求进行双面双侧检测的焊接接头，如受几何条件限制或由于堆焊层（或复合层）的存在而选择单面双侧检测时，还应补充斜探头作为近表面缺陷检测。

（3）C级检测　C级检测适用于重要承压设备对接焊接接头检测。

1）C级检测适用于工件厚度为6～500mm焊接接头的检测。

2）采用C级检测时，应将焊接接头的余高磨平，以便探头在焊缝上进行平行扫查。

3）工件厚度大于15mm的焊接接头一般应在双面双侧进行检测，如受几何条件限制或由于堆焊层（或复合层）的存在而选择单面双侧检测时，还应补充斜探头作为近表面缺陷检测。

4）对于单侧坡口角度小于5°的窄间隙焊缝，如有可能，应增加对检测与坡口表面平行的有效检测方法。

5）工件厚度大于40mm的对接接头，还应增加直探头检测。

6）焊接接头应进行横向缺陷的检测。

2. 检测条件的选择

（1）检测范围　超声检测是指采用超声检测仪检测缺陷，并对其进行等级分类的全过程。检测范围包括压力容器原材料、零部件和焊缝的超声检测以及超声测厚。

（2）检测人员。

1）凡从事检测的人员，都必须经过技术培训，超声检测人员的一般要求应符合NB/T 47013.1—2015的规定。

2）超声检测人员应具有一定的金属材料、设备制造安装、焊接及热处理等方面的基本知识，应熟悉被检工件的材质、几何尺寸及透声性等，能够对检测中出现的问题做出分析、判断和处理。

（3）检测仪的选择　超声检测仪是超声检测的主要设备。目前国内外检测仪种类繁多，性能各异，检测前应根据探测要求和现场条件来选择检测仪。一般根据以下情况来选择仪器。

1）对于定位要求高的情况，应选择水平线性误差小的仪器。

2）对于定量要求高的情况，应选择垂直线性好、衰减器精度高的仪器。

3）对于大型零件的检测，应选择灵敏度余量高、信噪比高和功率大的仪器。

4）为了有效地发现近表面缺陷和区分相邻缺陷，应选择盲区小、分辨力好的仪器。

5）对于室外现场检测，应选择重量轻、荧光屏亮度好和抗干扰能力强的携带式仪器。

6）要选择性能稳定、重复性好和可靠性好的仪器。

（4）探头的选择　超声检测中，超声波的发射和接收都是通过探头来实现的。探头的种类很多，结构形式也不一样。检测前应根据被检对象的形状、衰减和技术要求来选择探头。探头的选择包括探头形式、频率、晶片尺寸和斜探头K值的选择等。

1）探头形式的选择。常用的探头形式有纵波直探头、横波斜探头、表面波探头、双晶探头和聚焦探头等。一般根据工件的形状和可能出现缺陷的部位、方向等条件来选择探头的形式，使声束轴线尽量与缺陷垂直。

① 纵波直探头只能发射和接收纵波，声束轴线垂直于检测面，主要用于检测与检测面平行的缺陷，如锻件、钢板中的夹层、折叠等缺陷。

② 横波斜探头是通过波形转换来实现横波检测的，主要用于检测与检测面垂直或成一定角度的缺陷，如焊缝中的未焊透、夹渣和未熔合等缺陷。

③ 表面波探头用于检测工件表面缺陷，双晶探头用于检测工件近表面缺陷，聚焦探头用于水浸检测管材或板材。

2）探头频率的选择。

① 超声检测频率为 0.5 ~ 10MHz，选择范围大。因此一般使用的频率范围为 2.0 ~ 5.0MHz，国内多采用 2.5MHz。一般选择频率时应考虑以下因素。

a. 由于波的绕射，超声检测中能检测到的最小缺陷尺寸为 $d_f = \lambda/2$，显然，要想能检测到更小的缺陷，就必须提高超声波的频率。

b. 频率高、脉冲宽度小、分辨力高，有利于区分相邻缺陷。

c. 由 $\sin\theta_0 = 1.22\dfrac{\lambda}{D}$ 可知，频率高、波长短，则指向角小，声束指向性好，能量集中，有利于发现缺陷并对缺陷定位。

d. 由 $N \approx \dfrac{D^2}{4\lambda}$ 可知，频率高、波长短，近场长度大，对检测不利。

② 由以上分析可知，频率的高低对检测有较大的影响。频率高，灵敏度和分辨力高，指向性好，对检测有利。但频率高，近场长度大，衰减大，又对检测不利。实际检测中要全面分析考虑各方面的因素，合理选择频率。一般在保证检测灵敏度的前提下尽可能选用较低的频率。

a. 对于晶粒较细的锻件、轧制件和焊接件等，一般选用较高的频率，常用 2.5 ~ 5.0MHz。

b. 对晶粒较粗大的铸件、奥氏体钢等宜选用较低的频率，常用 0.5 ~ 2.5MHz。如果频率过高，就会引起严重衰减，屏幕上出现林状回波，信噪比下降，甚至无法检测。

3）探头晶片尺寸的选择。

① 检测面积范围大的工件时，为了提高检测效率，宜选用大晶片探头。

② 检测厚度大的工件时，为了有效地发现远距离的缺陷，宜选用大晶片探头。

③ 检测小型工件时，为了提高缺陷定位定量精度，宜选用小晶片探头。

④ 检测表面不太平整、曲率较大的工件时，为了减少耦合损失，宜选用小晶片探头。

4）斜探头 K 值的选择。

① 使声束能扫查到整个焊缝截面。为保证声束扫查到整个焊缝，探头 K 值必须满足

$$K \geqslant \frac{a+b+L_0}{T} \qquad (4\text{-}6)$$

式中　a——上焊缝宽度的一半（mm）；

b——下焊缝宽度的一半（mm）；

L_0——探头的前沿长度（mm）；

T——焊缝母材厚度（mm）。

② 由 $K=\tan\beta_s$（β_s 为探头折射角）可知，K 值大，则 β_s 大，一次波的声程大。

a. 当工件厚度较小时，应选用较大的 K 值，以便增加一次波的声程，避免近场区检测。

b. 当工件厚度较大时，应选用较小的 K 值，以减少声程过大引起的衰减，便于发现深度较大处的缺陷。

c. 在焊缝检测中，还要保证主声束能扫查整个焊缝截面。对于单面焊根部未焊透，还要考虑端角反射问题，应使 $K=0.7\sim1.5$，因为 $K<0.7$ 或 $K>1.5$ 时，端角反射率很低，容易引起漏检。

③ 对于用有机玻璃斜探头检测钢质工件，$\beta_s=40°$（$K=0.84$）左右时，声压往复透射率最高，即检测灵敏度最高。

（5）试块的选择

1）试块应采用与被检工件相同或近似声学性能的材料，该材料用直探头检测时，不得有大于 $\phi 2mm$ 平底孔当量直径的缺陷。

2）校对用反射体可采用长横孔、短横孔、横通孔、平底孔、线切割槽和 V 形槽等。校准时探头主声束与反射体的反射面应相垂直。

3）试块的外形尺寸应能代表被检工件的特征，试块厚度应与被检工件厚度相对应。如果涉及两种或两种以上不同厚度的部件进行熔化焊时，试块的厚度应由其平均厚度来确定。

4）试块的制造要求应符合 JB/T 8428—2015 的规定。

5）现场检测时，也可采用其他形式的等效试块。

（6）耦合剂的选择　耦合剂的选择要求如下。

1）能润湿工件和探头表面，流动性、黏度和附着力适当，容易清洗。

2）声阻抗高，透声性能好。

3）来源广，价格便宜。

4）对工件无腐蚀，对人体无害，不污染环境。

5）性能稳定，不易变质，能长期保存。

应采用机油、浆糊、甘油和水等透声性好且不损伤检测表面的耦合剂。

（7）检测面的选择

1）检测面和检测范围的确定，原则上应保证检测到工件被检部分的整个体积。对于钢板、锻件、钢管、螺栓件，应检测到整个工件；而对熔接焊缝，则应检测到整条焊缝。

2）检测面应经外观检查合格，所有影响超声检测的锈蚀、飞溅和污物都应予以清除，表面粗糙度应符合检测要求。为提高超声波在检测面上的透声性能，检测前应彻底清除探头移动区内的焊接飞溅物、松动的氧化皮或锈蚀层及其他表面附着物，并控制检测面的粗糙度 Ra 值不超过 $6.3\mu m$，以利于探头的自由移动，提高检测速度，避免探头的过早磨损。

3）补偿。

①表面粗糙度补偿。在检测和缺陷定量时，应对由表面粗糙度引起的能量损耗进行补偿。

②衰减补偿。在检测和缺陷定量时，应对材质衰减引起的检测灵敏度下降和缺陷定量误差进行补偿。

设测得的工件与试块表面耦合差补偿是 ΔdB。具体补偿方法如下。

先用衰减器衰减 ΔdB，将探头置于试块上调好检测灵敏度．然后再用衰减器增益 ΔdB 即减少 ΔdB 衰减量，这时耦合损耗恰好得到补偿，试块和工件上相同反射体回波高度相同。

如果检测面与对比试块之间最大的超声波传输损失差（包括表面损失和材质衰减）超过 2dB，应按 GB/T 11345—2013 规定的方法测试并在调节灵敏度时予以补偿。

一般情况下，焊缝表面不必再做修整。但若焊缝的余高形状或咬边给正确评价检测结果造成困难时，就要对焊缝的响应部位做适当的修磨以使其圆滑过渡，去除余高的焊缝应尽量磨至与母材平齐。

3. 扫查

在进行超声检测时，检测面上探头与工件的相对运动称为扫查。扫查一般考虑两个原则，一是保证工件的整个检测区有足够的声束覆盖以避免漏检；二是扫查过程中声束入射方向始终符合所规定的要求。

单探头的扫查方式如图 4-20 所示。

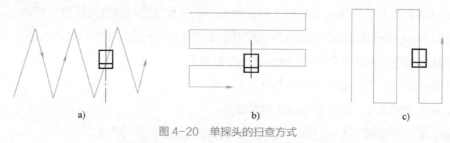

图 4-20　单探头的扫查方式

a）锯齿形扫查　b）横方形扫查　c）纵方形扫查

锯齿形扫查是手工超声检测中最常用的扫查方式，探头前后移动的范围应保证扫查到全部焊缝截面。在保持探头垂直焊缝做前后移动的同时，还应做 $10° \sim 15°$ 的左右转动。

双探头的扫查方式，根据两个探头相对位置可分为图 4-21 所示的几种扫查方式。

（1）扫查速度　为使缺陷回波能充分地被探头接受，并在屏幕上有明显的显示或在记录装置上能得到明确的记录，扫查速度 v 应当适当。通常，这取决于探头的有效尺寸和仪器重复频率。探头压电晶片的直径 D 越大，重复频率 f 越高，扫查速度 v 可以相应高一些。

（2）接触的稳定性　扫查过程中应给探头以适当和一致的压力（指直接接触而言）；否则，耦合液厚度会发生变化，造成检测灵敏度不稳定。

（3）方向性　在扫查过程中，探头的方向（斜射探头尤甚）应严格按照扫查方式所规定的进行。因为探头方向的改变，在单探头检测时将因入射波的方向改变而使缺陷检出灵敏度变化；在双探头检测时，则可使反射或透射波不能为另一探头接受，故保持一定的方向更为重要。

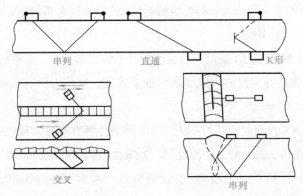

图 4-21　双探头的扫查方式

双探头检测时,两探头的相对位移必须相同或协调,才能使缺陷回波为另一探头所接受,纵波、横波均是如此。

由于工件的材质、板厚及形状的不同,选择的焊接方法和工艺就不同,所以产生缺陷的原因、位置、大小和性质也就不相同。因此,在检测工艺中规定了对不同的焊缝,探头应采用不同的扫查方式。

单斜探头的基本扫查方式如下。

1)前后扫查。探头移动方向垂直于焊缝轴线的扫查方式,常用于估判缺陷形状和缺陷的高度。

2)左右扫查。探头移动方向平行于焊缝轴线的扫查方式。它可以用来检测和区分焊缝中纵向的点、条状缺陷。在缺陷定量时,常用来测定缺陷的指示长度。

3)转角扫查。这是一种以探头的入射点为回转中心的扫查方式。它可用来确定缺陷的方向和区分点、条状缺陷。对判断缺陷性质(特别是裂纹)、转角动态波形是很有帮助的。

4)环绕扫查。它又称为对位或摆动扫查,是以缺陷为中心,不断变换探头位置的扫查方式。这种方式常用于估计缺陷的形状,尤其适用于点状缺陷。

5)斜扫查。探头沿焊缝轴线平行移动,而声束中心与焊缝轴线保持 10° ~ 45° 夹角。借助这种扫查方式可以发现焊缝和热影响区的横向裂纹及与焊缝轴线成倾斜夹角的缺陷,以及去电渣焊时比较容易产生的"八"字裂纹。

4. 检测仪的调节

(1)扫描速度的调节　仪器屏幕上时基扫描线的水平刻度 τ 与实际声程 x(单程)的比例关系,即 $\tau : x = l : n$ 称为扫描速度或时基扫描线比例。它类似于地图比例尺,如扫描速度 1:2 表示仪器屏幕上水平刻度 1mm 表示实际声程 2mm。调节扫描速度的目的是在规定的范围内发现缺陷并对缺陷定位。

调节方法:根据检测范围,利用已知尺寸的试块或工件上的两次不同反射波的前沿分别对准相应的水平刻度来实现(注意:不能利用一次反射波和始波来调节)。

(2)检测灵敏度的调节　检测灵敏度是指在确定的声程范围内发现规定大小缺陷的能力,一般根据产品技术要求或有关标准确定。调节检测灵敏度的目的在于发现工件中规定大小的缺陷,并对缺陷定量。检测灵敏度太高或太低都对检测不利。若灵敏度太高，则屏幕上杂波多，判定困难；若灵敏度太低，则容易引起漏检。

在实际检测中，在粗探时为了提高扫查速度而又不致引起漏检，常常将检测灵敏度适当提高，这种适当提高后的灵敏度称为搜索灵敏度或扫查灵敏度。常用方法有试块调节法和底波调节法两种。

利用试块和底波调节检测灵敏度的方法，其应用条件各有不同。利用底波调节灵敏度的方法主要用于具有平底面或曲底面大型工件的检测，如锻件检测。利用试块调节灵敏度的方法主要用于无底波和厚度尺寸小于 $3N$ 的工件检测，如焊缝检测、钢板检测和钢管检测等。

此外，还可以利用工件某些特殊的固有信号来调节检测灵敏度，如在螺栓检测中常利用螺纹波来调节检测灵敏度，在汽轮机叶轮键槽径向裂纹检测中常利用键槽圆角反射的键槽波来调节检测灵敏度。

（3）距离－波幅曲线（DAC）　描述某规则反射体回波高度与反射体距离之间关系的曲线称为距离－波幅曲线（Distance Amplitude Curve, DAC），即 DAC 曲线。

距离－波幅曲线表示某一大小的缺陷在不同的声程位置上波幅的变化曲线。通过这条曲线，可以判定被检测到的缺陷相对于这条曲线的当量。

距离－波幅曲线主要用于判定缺陷大小，给验收标准提供依据。它由判废线、定量线和评定线组成，如图 4-22 所示，制作方法见后面任务实施。

定量线、评定线、判废线之间的距离与板厚和所用试块有关，具体根据表 4-7 确定。

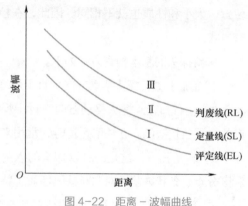

图 4-22　距离－波幅曲线

表 4-7　距离－波幅曲线的灵敏度

试块形式	板厚/mm	评定线	定量线	判废线
CSK-ⅡA	≥6~40	$\phi2\times40-18dB$	$\phi2\times40-12dB$	$\phi2\times40-4dB$
	>40~100	$\phi2\times60-14dB$	$\phi2\times60-8dB$	$\phi2\times60+2dB$
	>100~200	$\phi2\times60-10dB$	$\phi2\times60-4dB$	$\phi2\times60+6dB$
CSK-ⅢA	≥8~15	$\phi1\times6-12dB$	$\phi1\times6-6dB$	$\phi1\times6+2dB$
	>15~40	$\phi1\times6-9dB$	$1\times6-3dB$	$\phi1\times6+5dB$
	>40~120	$\phi1\times6-6dB$	$\phi1\times6$	$\phi1\times6+10dB$

5. 缺陷的定位

横波斜探头检测平面时，声束轴线在检测面处发生折射，工件中缺陷的位置由探头的折射角和声程确定或由缺陷的水平和垂直方向的投影来确定。由于横波扫描速度可按声程、水平和深度来调节，数字超声检测仪可以直接读出水平、垂直和声程，这样要注意确定缺陷是否在焊缝中。在实际检测时，可在缺陷波幅最大时的探头实际位置用尺子量出所对应的缺陷位置，从而判断缺陷是否在焊缝中。

6. 缺陷的定量

（1）当量法　采用当量法确定缺陷尺寸是缺陷的当量尺寸。常用的当量法有当量试块比较法、当量计算法和当量 AVG 曲线（又称为距离－波幅－当量曲线）法。

1）当量试块比较法。当量试块比较法是将工件中的自然缺陷回波与试块上的人工缺陷回波进行比较来对缺陷定量的方法。

加工制作一系列含有不同声程、不同尺寸的人工缺陷（如平底孔）试块，检测中发现缺陷时，将工件中的自然缺陷回波与试块上的人工缺陷回波进行比较。当同声程处的自然缺陷回波与某人工缺陷回波高度相等时，该人工缺陷的尺寸就是此自然缺陷的当量大小。

利用当量试块比较法对缺陷定量要尽量使试块与被测工件的材质、表面粗糙度和形状一致，并且其他检测条件不变，如灵敏度旋钮的位置和探头施加的压力等。当量试块比较法是超声检测中应用最早的一种定量方法，其优点是直观易懂，当量概念明确，定量比较稳妥可靠。但这种方法需要制作大量试块，成本高，同时操作也比较烦琐，现场检测要携带很多试块，很不方便。因此当量试块比较法应用不多，仅在 $x < 3N$ 的情况下或特别重要零件的精确定量时应用。

2）当量计算法。

当 $x \geqslant 3N$ 时，规则反射体的回波声压变化规律基本符合理论回波声压公式。当量计算法就是根据检测中测得的缺陷波高的 dB 值，利用各种规则反射体的理论回波声压公式进行计算来确定缺陷当量尺寸的定量方法。应用当量计算法对缺陷定量不需要任何试块，是目前广泛应用的一种当量法。

（2）测长法　根据测定缺陷长度时的灵敏度基准不同，将测长法分为相对灵敏度测长法、绝对灵敏度测长法和端点峰值法。

1）相对灵敏度测长法。相对灵敏度测长法是以缺陷最高回波为相对基准、沿缺陷的长度方向移动探头，降低一定的 dB 值来测定缺陷的长度。降低的分贝值有 3dB、6dB、10dB、12dB 和 20dB 等几种。常用的方法是 6dB 法和端点 6dB 法。

① 6dB 法。由于波高降低 6dB 后正好为原来的一半，因此 6dB 法又称为半波高度法（图 4-23）。

6dB 法的具体做法是：移动探头找到缺陷的最大反射波（不能达到饱和），然后沿缺陷方向左右移动探头，当缺陷波高降低一半时，探头中心线之间距离就是缺陷的指示长度。

6dB 法是缺陷测长较常用的一种方法，适用于测长扫查过程中缺陷波只有一个高点的情况。

② 端点 6dB 法。当缺陷各部分反射波高有很大变化时，测长采用端点 6dB 法，又称为端点半波高度法（图 4-24）。

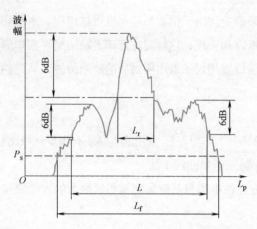
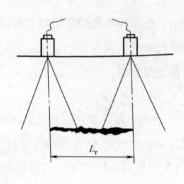

图 4-23　6dB 法

端点 6dB 法的具体做法是：当发现缺陷后，探头沿着缺陷方向左右移动，找到缺陷两端的最大发射波，分别以这两个端点反射波高为基准，继续向左、向右移动探头，当端点反射波高降低一半时（或 6dB 时），探头中心线之间的距离即为缺陷的指示长度。这种方法适用于测长扫查过程中缺陷反射波有多个高点的情况。

6dB 法和端点 6dB 法都属于相对灵敏度测长法，因为它们是以被测缺陷本身的最大反射波或以缺陷本身两端最大反射波为基准来测定缺陷长度的。

2）绝对灵敏度测长法。在斜探头左右扫查的过程中，以缺陷反射波高降至规定参考波高为标准缺陷边界的方法称为测定缺陷指示长度的绝对灵敏度测长法。

如果将 DAC 曲线中评定线规定为参考波高，则缺陷的反射波包络线超过评定线的部分所对应的探头左右移动的间距即为在评定线灵敏度下测得的缺陷指示长度。

当探头沿平行缺陷的延伸方向移动时，其缺陷反射波波高都在某一灵敏度水平之上（如图 4-25 所示的 B 线）时，可采用绝对灵敏度测长法。

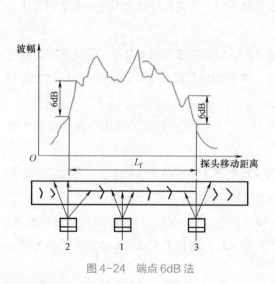

图 4-24　端点 6dB 法

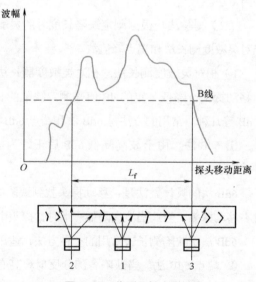

图 4-25　绝对灵敏度测长法

具体做法是：探头沿平行缺陷延伸方向分别左右移动，当缺陷波高降到某一灵敏度水平时（如图 4-25 所示的 B 线），此时探头中心线之间的距离即为缺陷的指示长度。

3）端点峰值法。探头在测长扫查过程中，如发现缺陷反射波峰值起伏变化，有多个高点时，则可以将缺陷两端反射波极大值之间探头的移动长度确定为缺陷指示长度。这种方法称为端点峰值法。端点峰值法测得的缺陷长度比端点 6dB 法测得的指示长度要小一些。端点峰值法也只适用于测长扫查过程中，缺陷反射波有多个高点的情况。

（3）底波高度法　底波高度法是利用缺陷波与底波的相对波高来衡量缺陷的相对大小。

当工件中存在缺陷时，由于缺陷反射，使工件底波下降。缺陷越大，缺陷波越高，底波就越低，缺陷波高与底波高之比就越大。

底波高度法常用以下几种方法来表示缺陷的相对大小。

1）F/BF 法。F/BF 法是在一定的灵敏度条件下，以缺陷波高 F 与缺陷处底波高 BF 之比来衡量缺陷的相对大小。

2）F/BG 法。F/BG 法是在一定的灵敏度条件下，以缺陷波高 F 与无缺陷处底波高 BG 之比来衡量缺陷的相对大小。

3）BG/BF 法。BG/BF 法是在一定的灵敏度条件下，以无缺陷处底波高 BG 与缺陷处底波高 BF 之比来衡量缺陷的相对大小。

底波高度法不用试块，可以直接利用底波调节灵敏度和比较缺陷的相对大小，操作方便。但它不能给出缺陷的当量尺寸。同样大小的缺陷，距离不同时，F/BF 不同：距离小时 F/BF 大，距离大时 F/BF 小。因此，F/BF 相同的缺陷当量尺寸并不一定相同。此外底波高度法只适用于具有平行底面的工件。

最后还要指出：对于较小的缺陷底波往往饱和，对于密集缺陷往往缺陷波不明显，这时上述底波高度法就不适用了，但这时可借助于底波的次数来判定缺陷的相对大小和缺陷的密集程度，底波次数少，则缺陷尺寸大或密集程度严重。

底波高度法可用于测定缺陷的相对大小、密集程度、材质晶粒度和石墨化程度等。

7. 超声检测结果记录、评定和报告

（1）记录　超声检测记录除符合 NB/T 47013.1—2015 的规定外，还至少应包括以下内容。

工艺规程版次或操作指导书编码；检测技术等级；检测设备器材（检测仪器型号及编号、探头型号、晶片尺寸、K 值、频率、试块型号和耦合剂）；检测工艺参数（检测范围、检测位置、检测比例、扫查方式、检测灵敏度和补偿等）；检测结果（检测部位示意图、缺陷位置、尺寸、回波波幅、缺陷评定等级、缺陷类型和缺陷自身高度）；检测人员和复核人员签字。

焊缝超声检测记录见表 4-8。

表 4-8　焊缝超声检测记录

委托编号：　　　　　　　　　　　　　　　　　　　　　　　　　　　记录单号：

委托单位		产品名称		产品编号	
材质		规格		数量	
焊接方法		坡口形式		检测标准	
检测比例		技术等级		合格级别	
工艺卡编号		检测时机		检测仪器	
仪器编号		探头		试块	
表面状态		耦合剂		表面补偿	
扫描比例		扫查灵敏度		探测面	

焊缝编号	缺陷情况					评定级别	备注
	缺陷编号	最大波幅		指示长度/mm	埋藏深度/mm		
		dB	区域				

扫查示意图：

注：当发现缺陷时应绘制缺陷部位示意图或实物图。

操作人员级别	×××(UT-×级)　　年 月 日	复核人员级别	×××(UT-×级)　　年 月 日

（2）评定与检测结果分级　NB/T 47013.3—2015将焊接接头质量分级为Ⅰ、Ⅱ、Ⅲ三个等级，Ⅰ级质量最高，Ⅲ级质量最低，见表4-9。

表 4-9　焊接接头超声检测质量等级　　　　　　　　　　　　（单位 mm）

等级	工件厚度t	反射波幅所在区域	允许的单个缺陷指示长度	多个缺陷累计长度最大允许值L
Ⅰ	≥6~100	Ⅰ	≤50	—
	>100		≤75	—
	≥6~100	Ⅱ	≤t/3,最小可为10,最大不超过30	在任意9t焊缝长度范围内L不超过t
	>100		≤t/3,最大不超过50	
Ⅱ	≥6~100	Ⅰ	≤60	—
	>100		≤90	—
	≥6~100	Ⅱ	≤2t/3,最小可为12,最大不超过40	在任意4.5t焊缝长度范围内L不超过t
	>100		≤2t/3,最大不超过75	
Ⅲ	≥6	Ⅲ	超过Ⅱ级者	
		Ⅱ	所有缺陷(任何缺陷指示长度)	
		Ⅰ	超过Ⅱ级者	

注：当焊缝长度不足 9t（Ⅰ级）或 4.5t（Ⅱ级）时，可按比例折算。当折算后的多个缺陷累计长度允许值小于该级别允许的单个缺陷指示长度时，以允许的单个缺陷指示长度作为缺陷累计长度允许值。

距离－波幅曲线是缺陷评定与检测结果分级的依据。

（3）焊缝超声检测报告　焊缝超声检测报告除符合 NB/T 47013.1—2015 的规定外，还至少应包括以下内容。

委托单位；检测技术等级；仪器型号及编号；检测设备器材（检测仪器型号及编号、探头、试块和耦合剂）；检测结果（检测部位示意图、检测区域以及所发现的缺陷位置、尺寸和分布）。

焊缝超声检测报告见表4-10。

表 4–10 焊缝超声检测报告

委托编号: 报告单号:

委托单位			检测地点	
产品编号			产品名称	

	工件编号			规格/材质	
工件	坡口形式			表面状态	
	焊接方法			检测时机	
	检测部位			焊缝质量等级	
技术要求	检验等级			验收标准	
	检测标准			合格级别	
	检测比例			记录编号	
器材与工艺参数	设备型号			设备编号	
	试块型号			探头型号	
	晶片尺寸			探头前沿	
	检测方法			检测区域	
	扫查速度			扫查方式	
	扫查面/侧			基准波高	
	耦合剂			耦合补偿	
	扫描调节			检测灵敏度	

	焊缝编号					
检测情况	焊缝长度/mm					
	检测厚度/mm					
	合格级别					

检测部位示意图:

检测结果	1.本产品焊缝总长_____检测总长_____,达_____% 2.本产品焊缝共返修_____次,返修长度_____mm,最高返修_____次 3.超标缺陷部位,返修后复检合格
检测结论	本产品焊缝质量符合_____标准,结果合格

报告(资格): 年　月　日	审核(资格): 年　月　日	无损检测专用章

如果检测内容作为压力容器产品验收的项目，则检测合格的所有工件上都做永久性或半永久性的标记，标记应醒目。工件上不适合做标记时，应采取详细的检测草图或其他有效方式标注，使下道工序或最后的检测人员能够辨明。检测报告应由具有Ⅱ级以上资格的人员签发，其内容和推荐格式可见表 4-10。检测记录与报告应具有可追踪性，并至少保存 7 年，以备随时查核。

由于射线检测和超声检测各有特点，发现缺陷能力各不相同，因而对质量的评定也很难取得完全一致的结果，所以有必要了解这两种方法的特点。表 4-11 是两种检测方法对不同形状缺陷检测能力的比较。

焊缝中存在的缺陷有裂纹、未焊透、未熔合、气孔和夹渣等。根据缺陷形状可大致按表 4-12 分类。

表 4-11　两种检测方法对不同形状缺陷检测能力的比较

方法　　　　缺陷形状	平面状	球状	圆柱状
射线检测 超声检测	○或△ ◎	◎ ○或△	◎ ○或△

注：检测能力：△—弱；○—中；◎—强。

表 4-12　缺陷形状

缺陷形状	缺陷种类
平面状缺陷 圆柱状缺陷 球状缺陷	裂纹、未焊透、未熔合 夹渣 气孔

任务实施

1. 工作准备

（1）设备及器材准备　数字超声检测仪、工件、耦合剂、试块和斜探头等。

（2）设备连接　数字超声检测仪与探头连接、开机和参数设定等。

2. 工作程序

（1）斜探头入射点及前沿距离的测量　如图 4-26 所示，在 CSK- ⅠA 试块上探头做前后

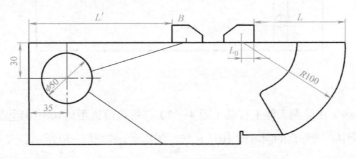

图 4-26　入射点测量示意图

移动，指示 $R100mm$（$R50mm$）的最大反射波，该波自动调至波幅80%。用钢尺测量出探头前沿到试块边沿的距离 L，则入射点至探头前沿的距离 $L_0 = 100mm - L$。

入射点要测量三次，取平均值。

（2）斜探头 K 值的测定　检测前必须要实际测得 K 值。在 CSK-IA 试块上探头做前后移动，找出 $\phi 50mm$ 孔的最大反射波，该波自动调至波幅80%，数字超声检测仪显示区自动刷新实际测量的 K 值。

也可用钢尺测量出探头前沿到试块边沿的距离 L'，代入下列公式求出探头的 K 值，即

$$K \geqslant \tan\beta = \frac{(L' + L - 35mm)}{30mm} \tag{4-7}$$

（3）制作距离－波幅曲线（DAC）　参照检测标准，如 NB/T 47013.3—2015 标准，参照表 4-7 中不同板厚的焊缝，设置表面补偿及判废、定量、评定。将探头放在 CSK-ⅡA（图4-27）或 CSK-ⅢA（图4-28）试块上，选择不同深度的横通孔制作 DAC 曲线，注意要找出横通孔的最高回波。

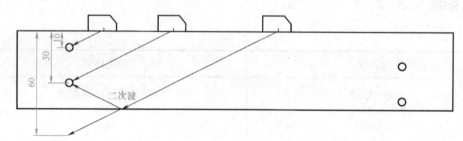

图 4-27　CSK-ⅡA 制作距离－波幅曲线（DAC）

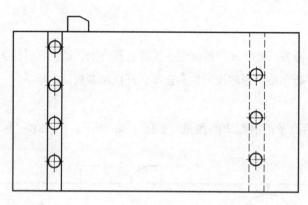

图 4-28　CSK-ⅢA 制作距离－波幅曲线（DAC）

（4）扫查　探头在被测工件上移动（图4-29），每次前进距离 d 不得超过探头晶片直径。在保持探头与焊缝中心线垂直的同时做 10°～15° 的摆动，如图4-30所示。

图 4-29 焊缝扫查

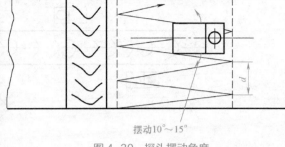

摆动10°~15°

图 4-30 探头摆动角度

① 厚度为 8 ~ 46mm 的焊缝，检测面为平板对接焊缝的两侧，如图 4-31 所示。探头移动区为

$$P_1 \geqslant 2TK + 50\text{mm} \qquad (4-8)$$

式中　P_1——探头移动区（mm）；

　　　T——工件厚度（mm）。

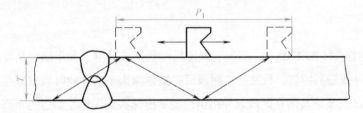

图 4-31 8 ~ 46mm 焊缝的探头移动区

② 厚度大于 46mm 的焊缝，检测面为平板对接焊缝的两侧，如图 4-32 所示。探头移动区为

$$P_2 \geqslant TK + 50\text{mm} \qquad (4-9)$$

式中　P_2——探头移动区（mm）；

　　　T——工件厚度（mm）。

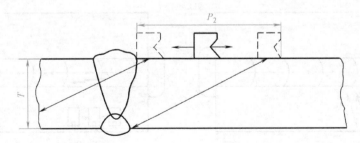

图 4-32 大于 46mm 焊缝的探头移动区

③ 为发现焊缝或热影响区的横向缺陷，对磨平的焊缝可将斜探头直接放在焊缝上做平行移动，对于加强层的焊缝可在焊缝两侧边缘，使探头与焊缝成一定的夹角（10° ~ 15°）做斜平行移动，如图 4-33 所示，但灵敏度要适当提高。

④ 为了确定缺陷的位置、方向或区分缺陷波与假信号，可采用前后、左右、转角和环绕等探头扫查方式，如图 4-34 所示。

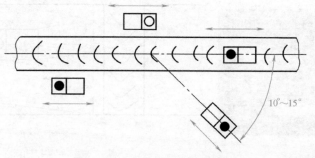

图 4-33 探头平行或斜平行移动

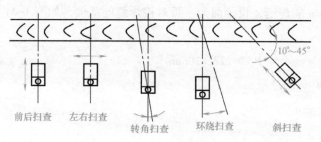

图 4-34 探头扫查方式

（5）缺陷的定位（图 4-35） 当发现缺陷后观察回波高度，如果回波高度超过定量线，此时仔细移动探头寻找最高回波，找到最高回波后，按住探头不动，此时观察屏幕上数据显示区缺陷深度的读数即 H 以及波高所在区域，并用钢尺测量出探头到工件左端边的距离即 S_3，（从探头中心位置测量或从探头左边测量再加上探头宽度的 1/2），再观察屏幕上数据显示区缺陷水平的读数，用钢尺从探头前端测量出缺陷所在位置，并用钢尺测量出缺陷位置与焊缝中心线的距离，探头前端到焊缝中心线的距离为 30mm，而仪器测量出的距离为 27mm，则缺陷距焊缝中心距离为 3mm，偏向 B（-）侧，则记录为 B3 或 -3（即在 B 栏中填写 3），此时缺陷最大波幅时的数据记录完毕。

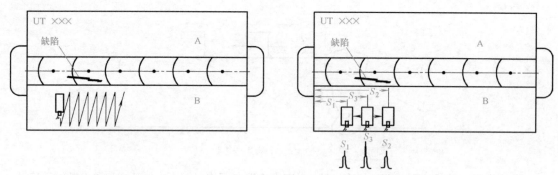

图 4-35 缺陷的定位

在焊缝检测中需要记录以下数值（表 4-13）。

S_1：缺陷起点距工件左端边的距离。

S_2：缺陷终点距工件左端边的距离。

S_3：缺陷波幅最高时距工件左端边的距离。

表 4-13 缺陷记录

序号	S_1	S_2	长度L	缺陷距焊缝中心距离		缺陷距焊缝表面深度H	S_3	高于定量线dB值	波高所在区域	评级
				A(+)	B(-)					
1										
2										
3										

（6）缺陷的定量　将缺陷最高波调整到满刻度的 80%，此时向左平行移动探头观察屏幕上的回波。当回波降低到 40% 时（即最高波的一半），此时量出探头到工件左端边的距离，记为 S_1。然后再向右平行移动探头，回到最高波的位置，然后继续向右平行移动，直到回波降低到 40% 时，此时测量出探头到工件左端边的距离，记为 S_2，然后用 S_2-S_1 所得到的数值即为缺陷长度 L。将上面测量出的数据填入表 4-13 相应的栏中。

依照上述方法将缺陷逐一找出并测量。

课业任务

一、填空题

1. 平板对接焊缝检测时，探头与焊缝成_____度的夹角作平行或斜平行移动。

2. 斜探头测焊缝时，必须正确调整仪器的水平或深度比例，主要是为了_____。

3. 超声检测时，仪器荧光屏上出现缺陷波的水平刻度值通常代表_____。

二、判断题

1. 即使使用带有缺陷自动报警装置和缺陷自动记录装置的超声波检测仪，在检测过程中探头移动速度也必须限制在一定范围内，不宜太快。（　　　）

2. 可以认为，目前用超声波法确定内部缺陷真实尺寸的问题已经解决。（　　　）

3. 焊缝的超声波检测一般应在外观检查合格之后进行。（　　　）

三、简答题

1. 在平板对接焊缝的超声探伤中，为什么要用斜探头在焊缝两侧的母材表面上进行？

2. 如何选择焊缝检测中的斜探头折射角？

项目五

表面检测

　　按照学生的认知规律，分析焊接检测人员工作岗位所需的知识、能力和素质要求，强调教学内容与完成典型工作任务要求相一致，选择焊接接头表面检测方法中常见的渗透检测、磁粉检测和涡流检测三种方法作为教学任务，通过在标准的要求下进行焊接接头的表面检测，培养学生的守法意识和质量意识；在真实的企业情境中组织教学，使学生感受到企业氛围和企业文化，培养学生的职业道德和职业素养。建议采用项目化教学，学生以小组的形式来完成任务，培养学生自主学习、与人合作和与人交流的能力。

任务一　渗透检测

知识目标

1）理解渗透检测的基本原理。

2）熟悉焊接接头渗透检测的一般流程。

3）熟悉渗透检测的安全管理规定，树立安全操作意识。

4）了解渗透检测有关的产品标准。

5）了解渗透检测新技术。

能力目标

1）熟悉并掌握常用渗透检测设备、器材的使用方法。

2）能根据不同的检测方法，制订渗透检测的工艺。

3）能对工件进行渗透检测，能准确进行显示的判别并按照有关标准进行质量评定。

任务描述

渗透检测（Penetrant Test，PT）是一种以毛细作用原理为基础的检测表面开口缺陷的无损检测方法。荧光渗透检测和着色渗透检测是渗透检测的两种基本方法。渗透检测的任务是在被检工件表面涂上某种具有高渗透能力的渗透液，利用液体对固体表面细小孔隙的渗透作用，使渗透液渗透到工件表面的开口缺陷中，然后用水或其它清洗液将工件表面多余的渗透液清洗干净，待工件干燥后再把显像剂涂在工件表面，利用毛细管作用将缺陷中的渗透液重新吸附出来，在工件表面形成缺陷的痕迹，根据显示的缺陷痕迹对缺陷进行分析、判断。

知识准备

1.渗透检测的理化基础

（1）润湿现象　润湿现象是固体表面的气体被液体取代或固体表面的液体被另一液体取代的现象。水或水溶液是特别常见的取代气体的液体，所以，一般把能增强水或水溶液取代固体表面气体的能力的物质称为润湿剂，又称为渗透剂。在渗透检测中，渗透剂对工件表面的良好润湿是进行渗透检测的先决条件。只有当渗透剂充分润湿工件表面时，才能渗入狭窄的缝隙；此外，还要求渗透剂能润湿显像剂，以便显示缺陷。

（2）毛细现象　润湿液体在毛细管中呈凹面并且上升，不润湿液体在毛细管中呈凸面并且下降的现象，称为毛细现象。能够发生毛细现象的管子称为毛细管。在渗透检测中，渗透剂对工件表面开口缺陷的渗透，实质是渗透剂的毛细现象，而显像剂的显像过程同渗透剂的渗透过程一样，是毛细现象，如图 5-1 所示。

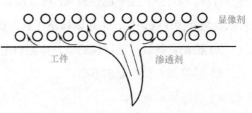

图 5-1　渗透检测显像过程示意图

（3）吸附现象　有色物质自相内部富集于界面的现象称为吸附现象。在显像过程中，显像剂粉末吸附从缺陷中回渗的渗透剂，从而形成缺陷显示。渗透剂在渗透过程中，工件及其中的缺陷（固体）与渗透剂接触时，也有吸附现象发生。在渗透过程中，提高缺陷表面对渗透剂的吸附，有利于提高检测灵敏度。

（4）溶解现象　一种物质（溶质）均匀地分散于另一物质（溶剂）中的过程称为溶解。所组成的均匀物质称为溶液（此处指液态溶液，也有固态溶液，如合金）。通常把分子较多的一种或液态物质称为溶剂，较少的一种或固态物质称为溶质。大部分渗透剂是溶液，其中着色（荧光）染料是溶质，煤油、苯、二甲苯等是溶剂。溶剂的溶解作用与下列因素有关：化学结构相似的物质彼此容易相互溶解；极性相似的物质彼此容易相互溶解。

（5）乳化现象　由于表面活性剂的作用使本来不能混合到一块的两种液体能够混合在一起的现象称为乳化现象。具有乳化作用的表面活性剂称为乳化剂。

2. 渗透检测的一般知识

（1）渗透检测的基本原理　工件表面被施涂含有荧光染料或着色染料的渗透剂后，在毛细作用下，经过一定时间，渗透剂可以渗入表面开口缺陷中；去除工件表面多余的渗透剂，经干燥后，再在工件表面施涂吸附介质——显像剂；同样在毛细作用下，显像剂将吸引缺陷中的渗透剂，即渗透剂回渗到显像剂中；在一定的光源（黑光或白光）作用下，缺陷处的渗透剂痕迹被显示（黄绿色或鲜艳红色），从而检测出缺陷的形貌及分布状态。渗透检测的基本步骤如图5-2所示。

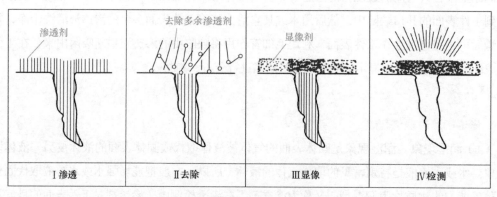

图5-2　渗透检测的基本步骤

与其他无损检测方法相比，渗透检测的主要优点如下。

1）不受工件形状、大小、化学成分和组织结构的限制，也不受缺陷方位的限制，可以检测磁性材料，也可以检测非磁性材料；可以检测黑色金属，也可以检测有色金属，还可以检测非金属；可以检测焊接件或铸件，也可以检测压延件和锻件，还可以检测机加工件。

2）检测设备及工艺过程简单，检测费用低。

3）对检测人员的要求不高。

4）缺陷显示直观。

5）检测灵敏度较高。

6）一次操作可同时检出所有的表面开口缺陷，检测效率较高。

渗透检测的局限性如下。

1）只能检测表面开口缺陷。

2）对多孔性材料的检测困难。

3）检测结果受检测人员操作水平的影响较大。

根据不同类型的渗透剂，不同的表面多余渗透剂的去除方法与不同的显像方式，可以组合成多种不同的渗透检测方法，见表 5-1。例如：Ⅱ Da 表示溶剂去除型着色渗透检测（干粉）。

表 5-1 渗透检测方法分类

渗透剂		渗透剂的去除		显像剂	
代号	名称	代号	名称	代号	名称
Ⅰ Ⅱ Ⅲ	荧光渗透检测 着色渗透检测 荧光着色渗透检测	A B C D	水洗型渗透检测 亲油型后乳化渗透检测 亲水型后乳化渗透检测 溶剂去除型渗透检测	a b c d e	干粉显像剂 水溶解显像剂 水悬浮显像剂 溶剂悬浮显像剂 自显像

3. 渗透检测剂

在渗透检测过程中要用到许多化学试剂，如渗透剂、乳化剂、清洗剂和显像剂，它们统称为渗透检测剂，其成分和性能将直接影响检测的结果。

（1）渗透剂 渗透剂是检测剂中最关键的一种，其不仅影响检测灵敏度，还关系到其他检测剂的选用。渗透剂一般由染料、溶剂、乳化剂及改变渗透性能的附加成分组成。根据其显像方式不同，渗透剂又分为荧光剂和着色剂，前者含有荧光染料，后者含有红色染料，其余成分大致相同，对性能要求也基本相同，主要有渗透力强、色泽鲜明、清洗性能好和润湿性能好等。此外，还要求它挥发性小、毒性低、化学性质稳定和腐蚀性小。表 5-2 列出常用渗透剂的配方。

表 5-2 常用渗透剂的配方

类型	配方编号	配方顺序	成分	比例
溶剂去除型	1#	1 2 3	苏丹Ⅳ 苯 煤油	1g/100mL 20% 80%
后乳化型	2#	1 2 3 4	水杨酸甲酯 煤油 松节油 苏丹	30% 60% 10% 18g/100mL
	3#	1 2 3 4 5	128烛红 水杨酸甲酯 苯甲酸甲酯 松节油 煤油	0.7g/100mL 25% 10% 15% 50%

（续）

类型	配方编号	配方顺序	成分	比例
水基型	4#	1	水	100%
		2	表面活性剂	2.4g/100mL
		3	氢氧化钾	0.6g/100mL
		4	刚果红	2.4g/100mL
自乳化型	5#	1	二甲基萘	15%
		2	α-甲基萘	20%
		3	200#溶剂汽油	52%
		4	萘	1g/100mL
		5	吐温(聚山梨酯)	5%
		6	三乙醇铵	8%
		7	油溶红	1.2g/100mL

（水洗型为左侧跨行类型）

注：表中百分数分别为各液态成分在总溶剂中的质量分数。

（2）乳化剂　加入某种物质，使原来不相溶的物质相互溶解，这种作用称为乳化。有乳化作用的物质称为乳化剂。在后乳化型渗透液中，需加入乳化剂使油能溶于水，使渗透液能被水清洗掉。对乳化剂的基本要求是乳化性能好、渗透性能低、具有良好的洗涤作用，同时性能稳定、无腐蚀和无毒。常用乳化剂的配方见表5-3。

表5-3　常用乳化剂的配方

配方编号	成分	比例	备注
1#	乳化剂(OP-10)	50%	
	工业乙醇	40%	
	工业丙酮	10%	
2#	乳化剂(平平加)	60%	必须用50~60℃的热水冲洗
	油酸	5%	
	丙酮	35%	
3#	乳化剂(平平加)	120g/mL	水溶加热互溶成膏状物即可使用
	工业乙醇	100%	

注：表中百分数分别为各液态成分在总溶剂中的质量分数。

（3）清洗剂　能去除表面多余渗透剂的液体称为清洗剂，又称为去除剂。不同类型的渗透剂，所用的清洗剂是不同的。水洗型渗透剂所用的清洗剂是具有一定压力的温水。后乳化型渗透剂经乳化处理后，也用水进行清洗。溶剂去除型渗透剂的清洗剂是有机溶剂，最常用的有机溶剂是丙酮和乙醇单一配方，有时也加入其他溶剂混合而成。对清洗剂的基本要求如下。

1）必须对渗透剂中的染料有较大的溶解度。

2）对工件表面的润湿作用强，清洗速度快。

3）有良好的互溶性，具有一定的挥发性、低毒性。

4）化学稳定性好，应不与染料发生反应，也不会熄灭荧光。

（4）显像剂　显像剂是把渗入到缺陷中的渗透剂吸附到工件表面形成可见痕迹的物质，通常由吸附剂、溶剂、限制剂和稀释剂等组成。要求显像剂能与渗透剂形成高度对比，且吸湿能力强，吸湿速度快，同时要求显像剂性能稳定、无腐蚀等。

显像剂有三种，即干式显像剂、湿式显像剂和快干式显像剂。干式显像剂只含有吸附剂，用于荧光检测。湿式显像剂是在吸附剂的水溶液中加入一定的限制剂。而快干式显像剂是在吸附剂的水溶液中加入稀释剂、限制剂等多种成分混合而成，显像性能最好。表 5-4 列出了常用显像剂的配方。

表 5-4　常用显像剂的配方

配方编号	成分	比例	备注
1#	氧化锌 苯 火棉胶(5%) 丙酮	5g/100mL 20% 70% 10%	适用于浸涂、刷涂或喷涂。用喷涂法时应再加入40%~50%的丙酮稀释
2#	氧化锌 工业丙酮 稀释剂(乙醇) 火棉胶(5%)	10g/100mL 65% 20% 15%	用于喷涂
3#	氧化锌 苯 火棉胶(5%) 工业丙酮	50g/100mL 20% 20% 60%	
4#	过氯乙烯树脂 工业丙酮 二甲苯 氧化锌	30g/100mL 60% 40% 5g/100mL	

注：表中百分数均是质量分数。

4. 渗透检测设备及器材

（1）渗透检测设备　现场检测时多使用便携式设备，一般是一个小箱子，里面装有渗透剂、清洗剂和显像剂喷罐，以及清理擦拭工件用的金属刷、毛刷等。如果采用荧光法，还要装有紫外线灯。

当工作场所相对固定、工件数量较多、要求布置流水线作业时，一般采用固定式检测设备，基本上是采用水洗型或后乳化型渗透检测方法，主要的设备有预清洗设备、渗透剂施加设备、乳化剂施加设备、水洗设备、干燥设备、显像剂施加设备和后清洗设备。

（2）渗透检测试块　渗透检测试块又称为灵敏度试块，是带有人工缺陷的试块。它是用于衡量渗透检测材料和检测工艺所能达到的灵敏度的器材，也可以用来确定渗透检测的工艺参数，如渗透时间和温度、乳化时间和温度以及干燥时间和温度等，也可以比较不同渗透检测系统性能的相对高低。不同的检测条件及要求应使用不同的检测试块。例如，进行承压设备的渗透检测时，可根据 NB/T 47013.5—2015《承压设备无损检测　第 5 部分：渗透检测》中的规定进行制作；进行一般产品的渗透检测时，可根据 GB/T 18851.3—2008《无损检测　渗透检测　第 3 部分：参考试块》的规定进行制作。常用的几种标准试块介绍如下。

1）铝合金淬火裂纹试块（A 型试块），如图 5-3 所示。此类试块是目前国际上最为通用的渗透检测试块。试块材质为 2A 12，工作面上的裂纹由淬火获得，分条状分布和网状分布两类。铝合金淬火裂纹试块中心因有一道沟槽，所以试块被分为两半。它适合于两种不同的渗透剂在互不污染的情况下进行灵敏度对比试验，也适合于同一种渗透剂的某一不同操作工序的灵敏度对比试验。例如：不同温度下的渗透检测灵敏度对比试验。这种试块的优点是制作简单且经济，在同一试块上能提供各种尺寸的裂纹，并且形状近似于自然裂纹，因此，适合于对渗透剂进行综合性能比较。

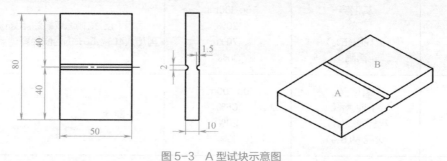

图 5-3　A 型试块示意图

使用过的试块，需进行清理以备重复使用。清理的办法是在试块中心用气体灯加热到 426℃左右，再放入冷水中淬火，然后在 110℃温度下干燥 15min，使裂纹中溶剂或水分蒸发干净，冷却至室温，然后保存备用。

2）不锈钢镀铬辐射状裂纹试块（B 型试块），如图 5-4 所示。不锈钢镀铬辐射状裂纹试块又称为 B 型试块。这种试块主要用于校验操作方法和工艺系统灵敏度。试块不像铝合金淬火裂纹试块可分成两半进行比较试验，其通常与复制品或照片对照使用。在每个工作班开始时，先将该试块按正常工序进行处理，观察辐射状裂纹显示情况，如果与复制品或照片一致，则可认为试块正常。

3）黄铜板镀镍铬层裂纹试块（C 型试块），如图 5-5 所示。

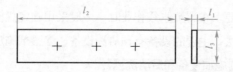

图 5-4　B 型试块示意图

l_1—试块厚度，l_1=（3～4）mm　l_2—试块长度，

l_2=（100～130）mm　l_3—试块宽度，l_3=（30～40）mm

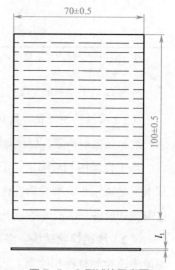

图 5-5　C 型试块示意图

l_1—试块厚度，l_1=（2.5±0.5）mm

黄铜板镀镍铬层裂纹试块又称为 C 型试块，主要用于鉴别各类渗透检测剂性能和确定灵敏度等级。黄铜板镀镍铬层裂纹试块的优点是，通过控制镀层厚度可以控制裂纹深度，改变弯曲的程度可以控制裂纹宽度。另一个优点是裂纹的尺寸很小，可作为高灵敏度渗透检测剂的性能测定，而且不易堵塞，可以多次重复使用。

5. 渗透检测方法和步骤

根据不同类型的渗透剂、不同的表面多余渗透剂的去除方法与不同的显像方式，可以组合成多种不同的渗透检测方法。这些方法间虽然存在若干的差异，但都是按照下述几个基本步骤进行操作的。

（1）表面准备和预清洗　检测部位的表面状况在很大程度上影响着渗透检测的检测质量。工件表面准备和预清洗的基本要求是，任何可能影响渗透检测的污染物必须清除干净；同时，又不得损伤工件的工作功能。例如：不得用钢丝刷打磨铝、镁和钛等软合金，密封面不得进行酸蚀处理等。对工件表面进行局部检测时，也应在渗透检测前，进行表面准备和预清洗。一般渗透检测工艺方法规定：渗透检测准备工作范围应从检测部位四周向外扩展 25mm。

（2）施加渗透剂　渗透剂施加方法应根据工件大小、形状、数量和检测部位来选择。施加方法应保证检测部位完全被渗透剂覆盖，并在整个渗透时间内保持润湿状态。具体施加方法如下。

① 喷涂。静电喷涂、喷罐喷涂或低压循环泵喷涂等，适用于大工件的局部或全部检测。

② 刷涂。刷子、棉纱、抹布刷涂，适用于局部检测、焊缝检测。

③ 浇涂（流涂）。将渗透剂直接浇在工件表面上，适用于大工件的局部检测。

④ 浸涂。把整个工件全部浸入渗透剂中，适用于小工件的表面检测。

无论采用何种方法施加渗透剂，都需要严格注意渗透时间和渗透温度。渗透时间是指从施加渗透剂到开始去除处理之间的时间。一般渗透检测工艺方法规定：在 10～50℃ 的温度下，施加渗透剂的渗透时间一般不得少于 10min；对于怀疑有缺陷的工件，渗透时间可相应延长。应力腐蚀裂纹特别细微，渗透时间更长，甚至长达 2h。渗透温度一般控制在 10～50℃ 范围内。

（3）去除多余的渗透剂（清洗）　当使用后乳化型渗透剂时，应在渗透后清洗前用浸涂、刷涂或喷涂方法将乳化剂施加于检测表面。乳化剂的停留时间可根据检测表面的粗糙度及缺陷程度确定，一般为 1～5min，然后用清水洗净。

去除表面多余的渗透剂时，注意不要将缺陷里面的渗透剂洗掉。若用水清洗渗透剂时，可用水喷法，水喷法可用管压力为 0.2MPa，水温不超过 43℃ 的水。当采用荧光渗透剂时，对不宜在设备中洗涤的大型零件，可用带软管的管子喷洗，且应由上往下进行，以免留下一层难以去除的荧光薄膜。当采用溶剂去除型渗透剂时，需在检测表面喷涂溶剂，以除去多余的渗透剂，并用干净布擦干。

（4）干燥　干燥的目的是去除工件表面的水分，使渗透剂充分地渗入缺陷或回渗到显像剂上。

溶剂去除法渗透检测时，不必进行专门的干燥处理，应在室温下自然干燥，不得加热干燥。用水清洗的工件，若采用干式显像或非水基湿式显像时，则在显像之前，必须进行干燥处理；若采用水基湿式显像，应在施加后进行干燥处理；若采用自显像，则应在水清洗后进行干燥。

干燥的方法有干净布擦干、压缩空气吹干、热风吹干和热空气循环烘干等，实际应用中是将多种干燥方法组合进行。

一般渗透检测工艺方法规定：干燥时工件表面温度不得大于 50℃；干燥时间 5 ~ 10min。

（5）显像　显像的过程是在工件表面施加显像剂，利用毛细作用原理将缺陷中的渗透剂吸附至工件表面，从而产生清晰可见的缺陷显示图像。常用的显像方法有干式显像、非水基湿式显像、水基湿式显像和自显像等。干式显像也称为干粉显像，主要用于荧光渗透检测法。非水基湿式显像也称为溶剂悬浮显像，主要采用压力喷罐喷涂。水基湿式显像则分为水悬浮湿式显像及水溶解湿式显像。自显像是干燥后不施加显像剂，停留 10 ~ 120min。

为保证显像效果，需注意控制显像时间。在通常情况下，显像时间取决于显像剂和渗透剂的种类、缺陷大小以及工件温度。例如：非水基湿式显像由于有机溶剂挥发较快，显像时间很短。NB/T 47013.5—2015 中规定：自显像停留 10 ~ 120min，其他显像方法显像时间一般应不少于 7min。

渗透剂不同，表面状态不同，使用的显像剂也应不同。就荧光渗透剂而言：光洁表面应优先选用溶剂悬浮显像剂；粗糙表面应优先选用干式（干粉）显像剂；其他表面应优先选用溶剂悬浮显像剂。而对着色渗透剂而言，任何表面状态都应优先选用溶剂悬浮显像剂。需要注意的是，水溶解显像剂不适用于着色渗透检测系统和水洗型渗透检测系统。

（6）观察、评定和记录

1）观察。观察显示一般应在显像剂施加后 7 ~ 60min 内进行。对于溶剂悬浮显像剂，应遵照说明书的要求或试验结果进行操作。着色渗透检测时，缺陷显示的评定应在白光下进行，显示为红色图像。通常工件被检处白光照度应不低于 500lx。荧光渗透检测时，缺陷显示的评定应在暗室或暗处的黑光灯下进行，显示为明亮的黄绿色图像。

渗透检测显示一般分为三种类型，即由缺陷引起的相关显示、由于工件的结构等原因所引起的非相关显示、由于表面未清洗干净而残留的渗透剂等所引起的虚假显示。

渗透检测人员应具有丰富的工程实际经验，并能够结合工件的材料、形状和加工工艺，熟练掌握各类显示的特征、产生原因及鉴别方法，必要时还应采用其他方法进行验证，尽可能使检测结果准确可靠。

2）评定。渗透检测标准中，一般将缺陷显示分为线状缺陷显示、圆形缺陷显示和密集形缺陷显示等类型，如图 5-6 所示。对于能够确定为由裂纹类缺陷（裂纹、白点）引起的缺陷显示，可直接评定为不允许的缺陷显示。长宽比大于 3 的缺陷显示，一般按线状缺陷评定、处理；长宽比小于等于 3 的缺陷显示，一般按圆形缺陷评定、处理。线性缺陷显示包括连续线性缺陷显示和断续线性缺陷显示。圆形缺陷显示的直径一般是其在任何方向上的最大尺寸。

NB/T 47013.5—2015《承压设备无损检测　第 5 部分：渗透检测》是特种设备承压类（锅炉、压力容器和压力管道）渗透检测方法的标准和质量验收标准，其渗透显示的分类和评定要求可参照学习。

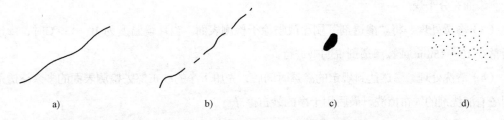

图 5-6 缺陷显示分类示意图

a）线状缺陷显示 b）断续线状缺陷显示 c）圆形缺陷显示 d）密集形缺陷显示

3）记录。非相关显示和虚假显示不必记录和评定。对缺陷显示进行评定后，有时需要将其形貌记录下来，一般记录方式如下。

① 草图记录。画出工件草图，标注出缺陷的相应位置、形状和大小，并说明缺陷的性质，这是最常见的记录方式。

② 照相记录。在适当光照条件下，用照相机直接把缺陷拍照下来。

③ 可剥离薄膜层方式记录。采用溶剂蒸发后会留下一层带有显示的可剥离薄膜层的液体显像剂显像后，将其剥落下来，贴到玻璃板上保存起来。

④ 录像记录。可在适当的光照条件下，采用模拟或数字式录像机完整记录缺陷显示的形成过程和最终形貌。

（7）后清洗及复验　完成渗透检测之后，应当去除显像剂涂层、渗透剂残留痕迹及其他污染物，这就是后清洗。一般来说，去除这些物质的时间越早，则去除越容易。后清洗的目的是为保证渗透检测后，去除任何会影响后续处理的残余物，不对工件产生损害或危害。

当出现下列情况之一时，需进行复验。

1）检测结束后，用标准试块（如 B 型试块）校验时发现检测灵敏度不符合要求。

2）发现检测过程中操作方法有误或技术条件出现改变时。

3）合同各方有争议或认为有必要时。

需要复验时，必须对检测表面进行彻底清洗，以去掉缺陷内残余渗透剂，否则会影响检测灵敏度。

任务实施

1. 工作准备

白光光源、不锈钢镀铬辐射状裂纹试块（B 型试块）、焊缝工件（长约 200mm）、渗透检测剂、钢丝刷、砂纸、锉刀、扁铲、丙酮或香蕉水等。

2. 工作程序

（1）表面清理　焊缝的表面准备，多借助于机械方法，对焊缝及热影响区表面进行清理，以去除焊渣、飞溅、焊药和氧化物等污染物。为此，可以采用砂轮机打磨、钢丝刷刷和压缩空气吹等手段。

（2）预清洗　使用丙酮或香蕉水擦试焊缝及 B 型试块表面，以去除油污及锈蚀物。然后，将检测表面充分干燥。

（3）渗透处理。将"渗透剂"刷涂或喷涂于检测表面。当环境温度为 10 ~ 50℃时，渗透时间通常在 10 ~ 15min 或按渗透剂说明书进行。

（4）清洗处理。渗透达到规定的渗透时间后，先用干净的纱布擦去检测表面的多余渗透剂，再用蘸有清洗剂的纱布擦洗，最后用干净的纱布擦净。

（5）显像处理。将显像剂刷涂或喷涂于检测表面，显像剂层应薄而均匀，厚度以 0.05 ~ 0.07mm 为宜。喷涂时，喷嘴距检测表面不要太近，一般以 100mm 左右为宜。显像时间以 15 ~ 30min 为宜。

（6）观察及评定。显像时间结束后，即可在白光下进行观察。先观察 B 型试块表面，观察辐射状裂纹显示是否符合要求。如果显示符合要求，即可说明整个渗透系统及操作符合要求。此时，方可观察焊缝工件表面，观察红色图像，必要时，用 5 ~ 10 倍放大镜观察。

3. 操作要点

（1）预清洗的操作要点

1）所有表面准备方法不得损伤工件表面，不得堵塞表面开口缺陷。

2）清洗材料及清洗方法不得影响渗透检测剂的性能，且不腐蚀或损坏工件。

3）工件表面及缺陷内的油脂、铁锈等污物去除之后，工件必须进行干燥，以便排除缺陷内的有机溶剂及水分。

（2）渗透处理的操作要点

1）在渗透时间内，渗透剂必须将检测部位全部润湿覆盖。

2）工件及渗透剂的温度应保持在 10 ~ 50℃。

3）渗透时间应根据渗透剂的种类、工件材质及用途、缺陷的性质及细微程度来确定，应确保规定的渗透时间。

（3）清洗处理的操作要点　先用不起毛和有吸附能力的纱布擦去大部分渗透剂，再用不起毛、清洁、蘸有清洗剂的纱布擦去剩余在表面上的渗透剂。不允许用有机溶剂对工件喷洗。

（4）干燥处理的操作要点　用清洁、干燥和经过过滤的压缩空气吹去工件表面的水分，其压力不超过 1.5MPa，喷嘴与工件相距不小于 30cm；或者用温度不超过 80℃的热空气循环烘箱干燥工件，干燥时间随工件尺寸、形状及材料而定，干燥的时间应尽量短。

（5）显像处理的操作要点　施加在工件表面上的干粉显像剂，分布要均匀，显像剂层要薄。显像时间应根据渗透检测方法及缺陷的性质确定，应不少于 7min。

（6）观察及评定的操作要点　着色渗透检测操作必须在自然光或白光照度不少于 500lx 的灯光下检测，并应无其他反射光。

（7）后清洗处理的操作要点　工件检测完毕，应清洗残余的渗透剂和显像剂。清洗后的工件应该干燥处理或进行防腐处理。

课业任务

一、填空题

1. 渗透检测是以_____为基础的_____的无损检测方法。

2. 在渗透检测中，渗透剂对工件表面开口缺陷的渗透，实质是_____。

3. 显像是利用_____吸附从缺陷中回渗到_____的渗透剂，形成缺陷显示。

4. 渗透检测剂由_____、_____、_____和_____组成。

5. _____在很大程度上影响着渗透检测的检测质量。

二、判断题

1. 渗透检测前的预处理不允许进行酸洗。（　　　）

2. 渗透检测前工件的预处理范围应从检测部位向外扩展30mm以上。（　　　）

3. 渗透检测渗透温度一般控制在50～100℃。（　　　）

4. 渗透检测中线状显示的缺陷不包括气孔。（　　　）

5. 渗透检测用试块主要用于衡量渗透检测的渗透性能。（　　　）

三、简答题

1. 简述渗透检测的基本原理和使用范围。

2. 渗透检测工艺规程的质量控制应包括哪些内容？

3. 简述渗透检测的方法和步骤。

任务二　磁粉检测

知识目标

1）理解磁粉检测的基本原理。

2）熟悉焊接接头磁粉检测的一般流程。

3）熟悉磁粉检测的安全管理规定，树立安全操作意识。

4）了解磁粉检测有关的产品标准。

5）了解磁粉检测新技术。

能力目标

1）熟悉并掌握常用的磁粉检测设备、器材的使用方法。

2）能根据不同的检测方法，制订磁粉检测的工艺过程。

3）能对工件进行磁粉检测，能准确进行磁痕显示的判别并按照有关标准进行质量评定。

任务描述

磁粉检测为五大常规无损检测方法之一，干粉显示法磁粉检测和湿粉显示法磁粉检测是磁粉检测的两种基本方法，可用于各种金属材料和非金属材料表面及近表面缺陷痕迹的质量检验，学习其相关知识和严格操作具有重要意义。根据不同的检测方法，制定磁粉检测的工艺过程。对磁粉检测标准试片和实例工件按照工艺流程进行检测操作，最后按照有关标准进行质量评定。

知识准备

磁粉检测（Magnetic Particle Test，MT）是一种通过对铁磁材料进行磁化所产生的漏磁场，来发现其表面或近表面缺陷的无损检测方法。磁粉检测是无损检测中应用较早的一种方法，1919年国外就已制成检测用实验设备，可用于钢材、型材、管材及锻造毛坯等原材料及成品表面与近表面质量的检验，也可用于重要的机械设备、压力容器及石油化工设备的定期检查。在焊接产品的生产过程中，磁粉检测是焊接前检验母材、焊接过程中和焊接以后检验焊缝及其热影响区裂纹等缺陷的主要手段之一。

1. 磁粉检测的基本原理

铁磁材料制成的工件被磁化后，工件就有磁力线通过。当磁通从一种介质进入另一种介质时，若两种介质的磁导率不同，在介面上的磁力线方向会发生突变。如果工件本身没有缺陷，磁力线在其内部是均匀连续分布的，如图5-7a所示。但是，当工件内部存在缺陷时，如裂纹、夹杂和气孔等，由于其磁导率与工件不同，必将引起磁力线方向改变，产生一定程度的弯曲，如图5-7b所示。当缺陷位于或接近工件表面时，则磁力线不但在工件内部产生弯曲，而且还会穿过工件表面漏到空气中形成一个微小的局部磁场，如图5-7c所示。这种由于介质磁导率的变化而使磁通泄漏到缺陷附近空气中所形成的磁场，称为漏磁场。

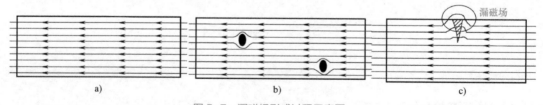

图 5-7　漏磁场形成过程示意图

缺陷处产生漏磁场是磁粉检测的基础，但是，漏磁场是看不见的，还必须有显示或检测漏磁场的手段。磁粉检测就是通过漏磁场引起磁粉聚集形成的磁痕显示进行检测的。漏磁场的宽度要比缺陷的实际宽度大数倍至数十倍，所以磁痕对缺陷宽度具有放大作用，能将目视不可见的缺陷变成目视可见的磁痕使之容易观察出来，这就是磁粉检测的原理。

在进行磁粉检测时，了解影响漏磁场的各种因素，对分析影响检测灵敏度的各种原因具有实际意义。主要的影响因素有以下几种。

（1）外加磁场强度的影响　一般来说，漏磁场密度会随工件磁感应强度的增加而线性增加。当磁感应强度达到饱和值的80%左右时，漏磁场密度会急剧上升，其强度会迅速增加。

（2）材料磁导率的影响　材料磁导率越高，意味着材料越容易被磁化，那么在一定外加磁场作用下，磁导率越高的材料产生的磁场强度越高，其作用相当于增加了工件的外加磁场强度。

（3）缺陷磁导率的影响　如材料中的缺陷内部含有铁磁材料（如镍、铁）的成分，即使缺陷在理想的方向和位置上时，也会在磁场的作用下被磁化，缺陷也不易形成漏磁场。缺陷的磁导率与材料的磁导率对漏磁场的影响正好相反，即缺陷的磁导率越高，产生的漏磁场强度越低。

（4）缺陷走向 当缺陷长度方向和磁力线方向垂直时，磁力线弯曲严重，形成的漏磁场强度最大。随着缺陷长度方向与磁力线夹角减小，漏磁场强度减小。当缺陷长度方向平行于磁力线方向时，漏磁场强度最小，甚至在材料表面不能形成漏磁场。

（5）缺陷位置和形状的影响 同样缺陷，位于表面时漏磁通较多，位于表面越深的地方，泄漏于空间的漏磁通越少。缺陷在垂直磁力线方向上的尺寸越大，阻挡的磁力线越多，容易形成漏磁场且其强度越大。缺陷的形状为圆形时，如气孔等，漏磁场强度小；当缺陷为线形时，容易形成较大的漏磁场。

2. 磁粉检测的适用范围及优缺点

（1）磁粉检测的适用范围

1）适用于检测铁磁材料（如 16MnR，20G，30CrMnSi）工件表面和近表面尺寸很小、间隙极窄和目视难以看出的缺陷。

2）适用于检测铸造、锻造和焊接工件表面或近表面的裂纹、白点、发纹、折叠、疏松、冷隔、气孔和夹杂等缺陷，但不适用于检测工件表面浅而宽的划伤、针孔状缺陷、埋藏较深的内部缺陷和延伸方向与磁感应方向夹角小于 20° 的缺陷。

3）适用于检测未加工的原材料（如钢坯）和加工的半成品、成品件及使用过的工件，还可检测管材、棒材、板材、型材和锻钢件、铸钢件及焊接件。

（2）磁粉检测的优缺点

磁粉检测的优点如下。

1）可检测出铁磁材料表面和近表面（开口和不开口）的缺陷，能直观地显示出缺陷的位置、形状、大小和严重程度。

2）具有很高的检测灵敏度，可检测出微米级宽度的缺陷，缺陷检测重复性好。

3）单个工件检测速度快，工艺简单，成本低廉，污染少。

4）采用合适的磁化方法，几乎可以检测工件表面的各个部位，基本上不受工件大小和几何形状的限制，此外还可检测受腐蚀的表面。

磁粉检测的缺点如下。

1）只适用于铁磁材料，不能检测奥氏体不锈钢材料和奥氏体不锈钢焊缝及其他非铁磁材料；只能检测表面和近表面缺陷。

2）检测时的灵敏度和磁化方向有关系。若缺陷方向与磁化方向近似平行或缺陷与工件表面夹角小于 20°，缺陷就难以发现。另外，表面浅而宽的划伤、锻造起皱也不易发现。

3）受几何形状影响，易产生非相关显示。

4）部分磁化后具有较大剩磁的工件需进行退磁处理。

3. 磁粉检测的检测方法

在磁粉检测中，常根据磁化工件与施加磁粉的相对时机，将检测方法分为连续法和剩磁法两种。

（1）连续法　连续法是在工件有外加磁场作用的同时向工件表面施加磁粉或磁悬液的检测方法，如图5-8所示。

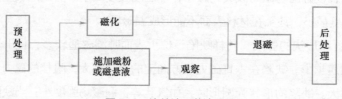

图 5-8　连续法工艺流程图

连续法检测几乎适用于所有的钢铁工件。矫顽力小的工件如低碳钢、所有退火状态或经过热变形的钢材以及复合磁化只能采用连续法检测；一些结构复杂的大型构件也常采用连续法检测。在连续法检测中，磁痕的观察既可在外加磁场作用时进行，也可在撤去外加磁场以后进行。连续法既可用于干法检测，也可用于湿法检测。连续法检测的特点是灵敏度高，但检测效率低下，而且易出现干扰缺陷评定的杂乱显示。

（2）剩磁法　剩磁法是先对工件进行磁化，待撤去外加磁场后再利用工件上的剩磁进行磁粉检测的方法，如图5-9所示。

图 5-9　剩磁法工艺流程图

在经过热处理的高碳钢或合金钢中，凡剩余磁感应强度在 0.8T 以上、矫顽力在 800A/m 以上的材料均可用剩磁法检测。剩磁法检测一般不使用干粉。剩磁法检测的特点是效率高，其磁痕易于辨别，并有足够的检测灵敏度。

4. 磁粉检测设备及器材

（1）磁粉或磁悬液　磁粉或磁悬液是磁粉检测的必备材料，其性能的高低对检测灵敏度的影响很大。磁粉按适用的磁痕观察方式，可分为荧光磁粉和非荧光磁粉；按适用的施加方式，可分为湿法用磁粉和干法用磁粉。

荧光磁粉是在磁性氧化铁粉或工业纯铁粉等颗粒的外面用环氧树脂黏附一层荧光染料或将荧光染料化学处理在铁粉表面制作而成的。检测时需在紫外光灯（又称为黑光灯）下观察磁痕。由于荧光磁粉在黑光照射下，能发出人眼接受最敏感、色泽鲜明的黄绿色荧光，与工件表面颜色对比度高，因而适用于任何颜色的检测表面，容易观察，检测灵敏度高，检测速度快。但荧光磁粉多用于湿法检测。

非荧光磁粉是一种在可见光（白光）下观察磁痕的磁粉。常用的有黑磁粉、红褐色磁粉、蓝磁粉和白磁粉,也称为彩色磁粉。前两种磁粉干法、湿法均适用。以工业纯铁粉等为原料,用黏合剂包覆制成的白磁粉或经氧化处理的蓝磁粉等非荧光彩色磁粉只适用于干法。

磁悬液是磁粉和载液按一定比例混合而成的悬浮液体,载液的性能要求、组成及优缺点见表5-5。

表5-5　载液的性能要求、组成及优缺点

载液	性能要求	组成	优缺点
油基载液	高闪点、低黏度、无荧光、无臭味和无毒性的水白色油基载液	变压器油50%+煤油50%(体积分数)	无腐蚀、易燃
水载液	具有合适的润湿性、分散性、射蚀性、消泡性和稳定性	在水中添加润湿剂、防锈剂和消泡剂	水不易燃、黏度小、来源广、价格低。但不适用于在水中浸泡可引起氢脆或腐蚀的某些高强度合金钢和金属材料

1L磁悬液中所含磁粉的质量(g/L)或100mL磁悬液沉淀出磁粉的体积(mL/100mL)称为磁悬液浓度。前者称为磁悬液配制浓度,后者称为磁悬液沉淀浓度。磁悬液浓度太低,影响漏磁场对磁粉的吸附量,磁痕不清晰,会使缺陷漏检;磁悬液浓度太高,会在工件表面滞留很多磁粉,形成过度背景,甚至会掩盖相关显示。所以应对磁悬液浓度做出严格限制。NB/T 47013.4—2015《承压设备无损检测　第4部分:磁粉检测》中对磁悬液浓度的要求见表5-6所示。

表5-6　磁悬液浓度的要求

磁粉类型	配制浓度/(g/L)	沉淀浓度/(含固体量,mL/100mL)
非荧光磁粉	10~25	1.2~2.4
荧光磁粉	0.5~3.0	0.1~0.4

(2)磁粉检测设备　按磁粉检测设备的重量和可移动性分为固定式、移动式和携带式三种。

按设备的组合方式分为一体型和分立型两种。一体型磁粉检测机是将磁化电源、螺线管、工件夹持装置、磁粉或磁悬液喷洒装置、照明装置和退磁装置等部分组成一体的检测机;分立型磁粉检测机是将各部分按功能制成单独分立的装置,在检测时组合成系统使用的检测机。

固定式检测机属于一体型的,使用操作方便。移动式和携带式检测机属分立型的,便于移动和现场组合使用。磁粉检测机分类见表5-7。

(3)标准试片　磁粉检测标准试片是磁粉检测必备器材之一,主要是用来定期检测系统的灵敏度(如检测磁粉检测设备、磁粉和磁悬液的综合性能)和考察检测工艺规程和操作方法是否恰当。除此之外,还可用来了解工件表面大致的有效磁场强度和方向以及有效检测区。对于几何形状复杂的工件磁化时,可以大致确定较理想的磁化规范。

表 5-7　磁粉检测机分类

分类	电流范围/A	适用的磁化方法	组成部分
固定式	1000~10000	通电法、中心导体法、感应电流法、线圈法、磁轭法整体或复合磁化	磁化电源、螺线管、工件夹持装置、磁粉或磁悬液喷洒装置、照明装置和退磁装置等
移动式	500~8000	触头法、夹钳通电法、线圈法磁化	主体是磁化电源，有触头、夹钳、开合和闭合式磁化线圈及软电缆等
携带式	500~2000	磁轭法、交叉磁轭法磁化	磁化电源、支杆探头、磁化线圈、磁轭、软电缆等

　　我国使用的标准试片有 A_1 型、C 型、D 型和 M_1 型四种试片，其规格和图形见表 5-8。试片为 DT4A 超高纯低碳纯铁经轧制而成的薄片。加工试片的材料包括经退火处理和未经退火处理两种。试片分类符号用大写英文字母表示，经退火处理的用下标 1 或空缺，未经退火处理的用下标 2 表示。M_1 型属于多功能试片，是将三种槽深各异而间隔相等的人工刻槽，以同心圆样式做在同一试片上，其三种槽深分别与 A_1 型试片的三种型号的槽深相同。这种试片可一片多用，观察磁痕显示差异直观，能更准确地推断出工件表面的磁化状态。

表 5-8　磁粉检测标准试片的规格和图形

类型	规格:缺陷槽深/试片厚度/μm		图形
A_1型	A_1:7/50		
	A_1:15/50		
	A_1:30/50		
	A_1:15/100		
	A_1:30/100		
	A_1:60/100		
C型	C:8/50		
	C:15/50		
D型	D:7/50		
	D:15/50		
M_1型	ϕ12mm	7/50	
	ϕ9mm	15/50	
	ϕ6mm	30/50	

注：C 型标准试片可剪成 5 个小试片分别使用。

磁粉检测时一般应选用 A_1：30/100 型标准试片。当检测焊缝坡口等狭小部位，由于尺寸关系，A_1 型标准试片使用不便时，一般可选用 C：15/50 型标准试片。用户需要时可用 D 型标准试片。为了更准确地推断出工件表面的磁化状态，当用户需要或技术文件有规定时，可选用 M_1 型标准试片。

（4）标准试块　标准试块除前述作用外，还可用于检测各种磁化电流及磁化电流大小不同时产生的磁场在标准试块上大致的渗入深度。试块不适用于确定工件的磁化规范，也不能用于考察工件表面的磁场方向和有效磁化区。

我国目前使用的有 B 型标准试块（直流试块）、E 型标准试块（交流试块）和磁场指示器三种，如图 5-10 所示。

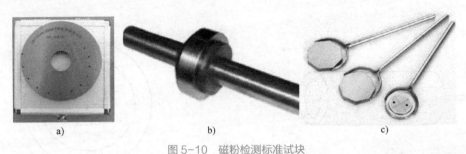

图 5-10　磁粉检测标准试块

a）B 型试块　b）E 型试块　c）磁场指示器

5. 工件的磁化方法

磁粉检测必须在工件内或在其周围建立一个磁场，磁场建立的过程就是工件的磁化过程。根据磁化方向的不同，磁化方法一般分为周向磁化、纵向磁化和复合磁化。磁化工件的顺序，一般是先进行周向磁化，后进行纵向磁化。如果一个工件上横截面尺寸不等，周向磁化时，电流值应分别计算，先磁化小直径，后磁化大直径。

（1）周向磁化　周向磁化是给工件直接通电，或者使电流通过贯穿空心工件孔中的导体，在工件中建立一个环绕工件的并与工件轴向垂直的周向闭合磁场。NB/T 47013.4—2015《承压设备无损检测　第 4 部分：磁粉检测》中规定：检测与工件轴线方向平行或夹角小于 45°的缺陷时，应使用周向磁化方法。通常，周向磁化可用下列方法获得。

1）轴向通电法。轴向通电法是将工件夹在检测机的两磁化夹头之内，直接通入磁化电流，在工件表面和内部产生一个闭合的周向磁场，用于检查与磁场方向垂直，与电流方向平行的纵向缺陷，如图 5-11 所示，其是最常用的磁化方法之一。

轴向通电法适用于中小杆状和棒状工件的磁粉检测。此法电流较大，工件两端夹持不平或有氧化皮时，易产生电火花，烧伤工件，为此检测时应注意工件表面处理和正确夹持工件。

2）中心导体法。中心导体法是将导体穿入空心

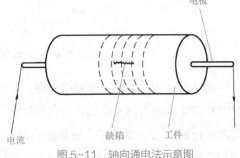

图 5-11　轴向通电法示意图

工件孔中并使电流通过导体，以在工件表面和内部产生周向磁场，如图 5-12 所示。

空心工件用轴向通电法不能检出内表面的缺陷，因为内表面磁场强度为零。中心导体法可以同时发现内外表面轴向缺陷和两端面的径向缺陷，空心工件内表面磁场强度比外表面大，所以检测内表面缺陷的灵敏度比外表面高。用中心导体法进行外表面检测时，一般不用交流电而尽量使用直流电和整流电。

中心导体法适用于空心轴、轴套、齿轮等空心工件和管子、管接头、空心焊接件的磁粉检测。当使用中心导体法时，如电流不能满足检测要求，则应采用偏置芯棒法进行检测，芯棒应靠近内壁放置，如图 5-13 所示。每次有效检测区长度约为 4 倍芯棒直径，且应有一定的重叠区，重叠区长度应不小于有效检测区的 10%。

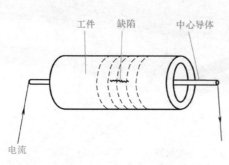

图 5-12　中心导体法示意图

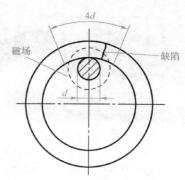

图 5-13　偏置芯棒法示意图

3）触头法。触头法是用两触头接触工件表面，通电磁化，在平板工件上磁化能产生一个畸变的周向磁场，用于发现与两触头连线平行的缺陷，如图 5-14 所示。

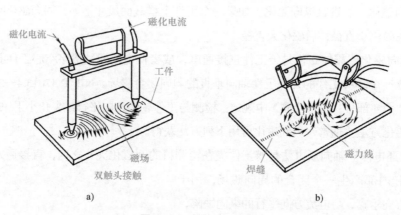

a)　　　　　　　　　　　　　　b)

图 5-14　触头法示意图

a）触头间距固定　b）触头间距不固定

触头法适用于大型平板对接焊缝、T 形角焊缝以及大型铸件、锻件和板材的局部磁粉检测。NB/T 47013.4—2015《承压设备无损检测　第 4 部分：磁粉检测》中规定：采用触头法时，电极间距应控制在 75～200mm；磁场的有效宽度为触头中心线两侧 1/4 极距；通电时间不应太长，电极与工件之间应保持良好的接触，以免烧伤工件；两次磁化区域应有不小于 10% 的磁化重叠区。

此外，周向磁化还包括平行电缆法、感应电流法和环形件绕电缆法等，可参见相关国家标准。

（2）纵向磁化　纵向磁化是指在工件中建立起沿其轴向分布的纵向磁场的磁化方法。NB/T 47013.4—2015《承压设备无损检测　第4部分：磁粉检测》中规定：检测与工件轴线方向垂直或夹角大于或等于45°的缺陷时，应使用纵向磁化方法。常用的纵向磁化方法为线圈法和磁轭法。

1）线圈法。线圈法是将工件放在通电线圈（螺线管法，如图5-15所示）中，或用软电缆缠绕（绕电缆法）在工件上通电磁化，形成纵向磁场。前者应用于管材和棒材的横向缺陷检测；后者主要应用于管道环焊缝中的纵向裂纹检测。

2）磁轭法。磁轭法是用电磁轭两磁极夹住工件进行整体磁化，或用电磁轭两磁极接触工件表面进行局部磁化，用于发现与两磁极连线垂直的缺陷，如图5-16所示。

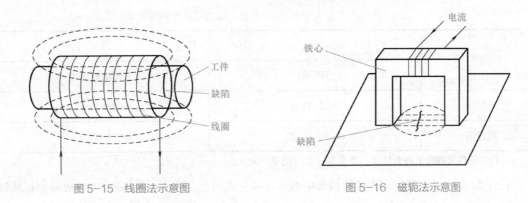

图5-15　线圈法示意图　　　　　　　　图5-16　磁轭法示意图

电磁轭一般做成带活动关节的，磁极间距 L 应控制在 75～200mm，检测的有效区域为两极连线两侧各 50mm 的范围内。磁化区域每次重叠区不少于 15mm。

（3）复合磁化　复合磁化包括交叉磁轭法（图5-17）和交叉线圈法等多种方法。交叉磁轭法磁粉检测机有四个磁极，如图5-18所示，可在工件表面产生旋转磁场。这种多向磁化技术可以检测出非常小的缺陷，因为在磁化循环的每个周期都使磁场方向与缺陷延伸方向相垂直，由此也被形象地称为"旋转磁场法"。采用此种方法，一次磁化可检出工件表面任何方向的缺陷，检测效率高，适用于平板对接焊缝的磁粉检测。

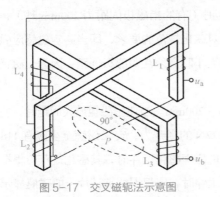

图5-17　交叉磁轭法示意图　　　　　图5-18　交叉磁轭法磁粉检测机

6. 工件的磁化规范

对工件磁化，选择磁化电流值或磁场强度值所遵循的规则称为磁化规范。磁场强度过大易产生过度背景，会掩盖相关显示；磁场强度过小，磁痕显示不清晰，很难发现缺陷。因而，磁粉检测应使用既能检测出所有的有害缺陷，又能区分磁痕显示的最小磁场强度进行检测。磁化电流是为了在工件上产生磁场而采用的电流，其类型有交流电、整流电、直流电和脉冲电流等。其中常见的磁化电流是交流电（AC）、单相半波整流电（HW）和三相全波整流电（FWDC）三种。

（1）轴向通电法和中心导体法磁化规范　轴向通电法和中心导体法磁化规范见表 5-9。中心导体法可用于检测工件内、外表面与电流平行的纵向缺陷和端面的径向缺陷。外表面检测时应尽量使用直流电或整流电。

表 5-9　轴向通电法和中心导体法磁化规范

检测方法	磁化电流计算公式	
	交流电	直流电、整流电
连续法	$I=(8\sim15)D$	$I=(12\sim32)D$
剩磁法	$I=(25\sim45)D$	$I=(25\sim45)D$

注：D 为工件横截面上最大尺寸，单位为 mm。I 的单位为 A。

（2）触头法磁化规范　连续法检测的触头法磁化电流值见表 5-10。磁化电流应根据标准试片实测结果校正。

表 5-10　触头法磁化电流值

工件厚度 T/mm	电流值 I/A
$T<19$	（3.5~4.5）倍触头间距
$T\geq19$	（4~5）倍触头间距

（3）磁轭法磁化规范

磁轭法的提升力是指通电磁轭在最大磁极间距时（有的指磁极间距为 200mm 时），对铁磁材料（或制件）的吸引力。提升力大小反映了磁轭对磁化规范的要求，即当磁轭磁感应强度的峰值达到一定大小所对应的磁轭吸引力。提到提升力大小时必须注明磁极间距，因为，磁极间距变化时，磁感应强度峰值也随之改变。

磁轭法磁化时，两磁极间距 L 一般应控制在 75～200mm。当使用磁轭最大间距时，交流电磁轭至少应有 45N 的提升力；直流电磁轭至少应有 177N 的提升力；交叉磁轭至少应有 118N 的提升力（磁极与工件表面间隙 0.5mm）。采用携带式电磁轭磁化工件时，其磁化规范应根据标准试片上的磁痕显示来验证；如果采用固定式磁轭磁化工件时，应根据标准试片上的磁痕显示来校验灵敏度是否满足要求。

7.磁痕的观察、分析与记录

无论磁粉检测的具体方法和参数如何,一般均包括预处理、磁化、施加磁粉或磁悬液、观察与记录和清理等基本步骤,这里仅介绍磁痕的观察与记录,其余步骤将结合任务实施过程介绍。

磁痕观察和评定一般应在磁痕形成后立即进行。当辨认细小磁痕时,可用 2 ~ 10 倍的放大镜进行观察。观察非荧光磁粉的磁痕时,要求检测表面上的白光照度达到 15000lx 以上;观察荧光磁粉的磁痕时,要求检测表面上的紫外线(黑光)照度不低于 970lx,且白光照度不大于 10lx。

按照磁痕显示的原因,显示主要分为三类:磁粉检测时由于缺陷(裂纹、未熔合、气孔和夹渣等)产生的漏磁场吸附磁粉形成的磁痕显示,称为相关显示或缺陷显示;由于磁路截面突变以及材料磁导率差异等原因产生的漏磁场吸附磁粉形成的磁痕显示,称为非相关显示;不是由漏磁场吸附磁粉形成的磁痕显示,称为伪显示。

要正确认识磁痕,不仅要求分析人员对工件的材质和加工工艺有全面的了解,同时还要求有较丰富的实践经验。因而,要注意收集典型缺陷的磁痕,在实际工作中积累经验。焊接件缺陷磁痕特征见表 5-11。

表 5-11 焊接件缺陷磁痕特征

缺陷名称	磁痕特征
焊接裂纹	热裂纹:浅而细小,磁痕清晰而不浓密 冷裂纹:多数是纵向的,一般深而粗大,磁痕浓密、清晰。冷裂纹容易引起脆断,危害极大磁粉检测一般应安排在焊后24h或36h后进行
未焊透	磁痕松散、较宽
气孔	磁痕呈圆形或椭圆形,宽而模糊,显示不太清晰;磁痕的浓度与气孔的深度有关
夹渣	磁痕宽而不浓密

对磁粉检测中发现的相关磁痕有时要永久性记录保存。缺陷磁痕显示记录的内容是磁痕显示的位置、形状、尺寸和数量等。常用记录磁痕显示的方法有照相(用照相摄影记录缺陷磁痕显示)、贴印(利用透明胶纸粘贴复印缺陷磁痕显示)、录像、可剥性涂层(缺陷磁痕显示处喷上一层快干可剥性涂层,待干后揭下保存)和临摹(记录缺陷的表格上临摹缺陷显示)等。磁粉检测工艺卡示例见表 5-12。

表 5-12　磁粉检测工艺卡示例

产品(或工件)名称		材料牌号		规格尺寸	
热处理状态		检测部位		检测表面要求	
检测时机		检测设备		标准试片(块)	
检测方法		光线及检测环境		缺陷磁痕 显示记录方式	
磁化方法		电流种类 磁化规范		磁粉、载液及磁 悬液浓度	
磁悬液 施加方法		检测方法 检测标准		质量验收等级	
磁粉检测 质量评级要求					
磁化方法示意草图			磁化方法附加说明		
编制	年 月 日	审核	年 月 日	审批	年 月 日

任务实施

1. 工作准备

（1）设备及器材准备　磁轭式磁粉检测机一台、带有缺陷的对接焊缝工件数个、干燥磁粉若干，A_1 型标准试片若干。

（2）对工件进行预处理　用化学或机械方法彻底清除工件表面上的油污、锈斑、氧化皮、毛刺和焊渣等附着物。

（3）配制磁悬液　非荧光磁粉水磁悬液配方见表 5-13。

表 5-13　非荧光磁粉水磁悬液配方

水	100#浓乳	亚硝酸钠	三乙醇胺	消泡剂	磁粉
1L	5g	10g	0.5~1g	0.5~2g	15~25g

将100#浓乳加入到1L、50℃的温水中，搅拌至完全溶解，再加入亚硝酸钠、三乙醇胺和消泡剂，每加入一种成分后都要搅拌均匀，最后加入磁粉搅拌均匀。

荧光磁粉水磁悬液配制方法：将润湿剂（JFC乳化剂）和消泡剂加入50℃温水中搅拌均匀，并按比例加足水，成为水载液；取两倍磁粉质量水载液与磁粉搅拌成均匀的糊状，再加入余量的水载液，然后加入亚硝酸钠，具体配方见表5-14。

表5-14　荧光磁粉水磁悬液配方

水	JFC乳化剂	亚硝酸钠	28#消泡剂	YC2荧光磁粉
1L	5g	10g	0.5~1g	0.5~2g

磁悬液的浓度是指每升液体中含磁粉的克数。浓度太低，小缺陷会漏检；浓度太高，会降低衬度，而且会在工件的磁极上粘附过量的磁粉，干扰缺陷的显示，所以配制浓度要适宜。

2. 工作程序

（1）试片的使用　试片使用前，应用溶剂清洗防锈油；如果工件表面贴试片处凹凸不平，应打磨平，并除去油污。试片表面有锈蚀或褶纹时，不得继续使用。使用时，应将试片无人工缺陷的面朝外。

（2）磁化及磁痕的观察　先用磁悬液润湿工件表面，在通电磁化的同时浇磁悬液，停止浇磁悬液后再通电数次，通电时间为1~3s，停止施加磁悬液至少1s后，待磁痕形成并滞留下来时方可停止通电，再进行磁痕观察和记录。

使用马蹄形磁轭检测时，首先调整磁轭间距为100~150mm，而后将磁轭两级跨在焊缝上进行横向磁化和将两级直接放在焊缝上进行纵向磁化。调节电流或两级间距，使灵敏度试片（贴于磁轭两级中间的焊缝上）的刻槽痕清晰显示。

接下来，分别进行纵向和横向检测。纵向磁化时，各检测区域应相互覆盖，覆盖区长度不小于20mm。横向磁化时，两磁轭连线应垂直焊缝纵方向，并沿该方向移动，每次移动距离为40~50mm。

（3）做记录　记录内容包括检测设备种类、检测方法、试片的使用和灵敏度确定，检测的条件选择（充磁电流、磁轭间距等）以及工件自然情况等。

（4）工件退磁　用交流线圈退磁法退磁。将工件从一个通有交流电的线圈中通过，并沿轴向逐步撤出线圈外1.5m，然后断电；或将工件放在线圈中不动，逐渐将电流幅值降为零也可以收到同样的退磁效果。

（5）清理　退磁之后，应清理检测表面，除去残留磁悬液。水磁悬液应先用水进行清洗，然后干燥。磁粉检测后，应对工件进行合格与否标志，对含有缺陷的工件应标志出缺陷部位，以便对其进行修复等处理。用完试片后，可用溶剂清洗并擦干，然后涂上防锈油，放回原装片袋内保存。

3. 操作要点

1）采用直接通电法检测带有非导电涂层的工件时，应先彻底清除掉导电部位的局部涂料，以免因接触点接触不良而产生电火花，烧伤检测表面；采用干法检测时应使工件表面充分干燥。

2）荧光磁粉不能配制油磁悬液，因煤油等在紫外线照射下本身发出荧光。

3）在磁化过程中，磁悬液均应在充磁过程中均匀地施加到工件检测表面。

4）粘贴试片时，为使试片与工件检测表面接触良好，可用透明胶带靠试片边缘贴成"#"字形，并贴紧（间隙应小于 0.1mm），注意透明胶带不得盖住有槽的部位。

5）用交叉磁轭旋转磁场检测机检测时，要求 A_1 型试片的刻槽能显示出完整清晰的圆形磁痕。设备以行走进行对焊缝的检测，行走速度小于或等于 3m/min，行走的带状区域应以焊缝为中轴线。

课业任务

一、填空题

1. 钢材表面裂纹最合适的检测方法是_____。

2. 磁粉检测是利用缺陷处的_____，从而显示缺陷存在的。

3. 磁力线与缺陷的破裂面方向_____时不产生磁痕显示。

4. 磁粉检测的过程包括预处理、_____、施加磁粉或磁悬液、观察与记录和_____。

5. 磁粉检测仪主要有_____式、_____和固定式。

二、判断题

1. 选择磁化方法主要是让产生的磁场方向尽量与缺陷的最长尺寸方向垂直。（　　）

2. 湿粉法比干粉法检测精度要低。（　　）

3. 磁粉应具有高磁导率和剩磁性。（　　）

4. 材料磁导率越高，意味着材料越不容易被磁化。（　　）

5. 磁粉检测中，凡有磁痕的部位都是缺陷。（　　）

三、简答题

1. 试述磁粉检测的基本原理。

2. 什么是漏磁场？试述产生漏磁场的原因及影响因素。

3. 磁粉检测的优点及局限性？

4. 影响漏磁场强度的因素有哪些？

5. 缺陷磁痕显示可分为哪几类？

任务三　涡流检测

知识目标

1）理解涡流检测的基本原理。

2）熟悉焊接接头涡流检测的一般流程。

3）熟悉涡流检测的安全管理规定，树立安全操作意识。

4）了解涡流检测有关的产品标准。

5）了解涡流检测新技术。

1）熟悉并掌握常用的涡流检测设备、器材的使用方法。

2）能根据不同的检测方法，制订涡流检测的工艺过程。

3）能对工件进行涡流检测，能准确进行缺陷的判别并按照有关标准进行质量评定。

涡流检测具有与其他检测方法不同的特点，因此可与其他检测方法互为补充，成为五大常规无损检测方法之一。它是用来检测管材、棒材、丝材的气孔疏松、非金属夹杂物等缺陷的一种方便而有效的方法。主要任务是学习并掌握涡流检测基本原理，检测设备的构成及特点，一般检测步骤和典型产品的检测方法。

涡流检测（ET）又称为电磁感应检测。采用这种方法进行检测时，在导电的工件内部产生涡流，通过测量涡流的变化量来进行检测。由于涡流检测的特点，可与其他检测方法互为补充，是用来检测管材、棒材、丝材以及气孔、疏松、非金属夹杂等缺陷的一种方便而有效的方法。

1. 涡流及趋肤效应

（1）涡流　涡流检测是以电磁感应理论为基础的，如图5-19所示。将线圈1与线圈2靠近，线圈1通过电流时，能产生随时间变化的磁力线，而磁力线穿过线圈2时会产生感应电流。若用金属板代替线圈2，在金属板中同样会产生感应电流。由于感应电流回路在金属板内呈旋涡状，故称为涡流。

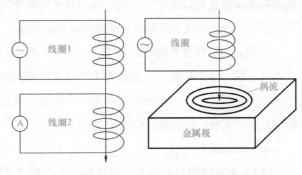

图5-19　涡流产生过程示意图

（2）趋肤效应　当直流电通过某一圆柱形导体时，导体截面上的电流密度均相同；而交流电通过圆柱形导体时，其截面上的电流密度就不同，表面的电流密度最大，越到圆柱中心电流密度越小，这种现象称为趋肤效应。

离导体表面某一深度处的电流密度是表面值的1/e时（即36.8%），此深度称为透入深度h，即

$$h = \frac{1}{\sqrt{\pi f \mu \sigma}} \qquad (5-1)$$

式中　　f——交流电频率（Hz）；

　　　　μ——材料的磁导率（H/m）；

　　　　σ——材料的电导率$[1/(\Omega \cdot m)]$。

从式（5-1）可以看出，金属内部涡流的透入深度与激励电流的频率、金属的电导率和磁导率有直接的关系。该式表明，涡流检测只能在金属材料的表面或近表面进行，而对内部缺陷的检

测则灵敏度太低。因此，在涡流检测工作中，应根据检测深度的要求来选择检测频率。

2. 涡流检测的基本原理

涡流也是由于电磁感应产生的感应电流，因此在原理上同样可以用楞次定律来确定方向，并用法拉第电磁感应定律来计算任意一条闭合回路的感应电动势。同时，涡流是由于线圈中交流电（称为一次电流）激励的磁场在金属板中产生的，那么涡流也是交变磁场，同样会在周围空间形成交变磁场，并在线圈中产生感应电动势。这样一来，线圈在空间某点的磁场不再是由一次电流产生的磁场 H_1，而是由一次磁场 H_1 和涡流磁场 H_2 叠加形成的复合磁场。假定一次电流的能量不变，线圈和金属板间的距离也保持固定，那么涡流及涡流磁场的强度和分布就由金属板的材质决定。换句话说，复合磁场包含了金属板电导率、磁导率和不均匀性等方面的信息，因此只要从线圈中检测出有关信息，如电导率的差别就能间接地得出纯金属杂质含量、材料的热处理状态等信息，也可得到工件中裂纹等缺陷的变化信息，这就是利用涡流方法检测的基本原理。所以，涡流的大小就影响检测线圈中的电流，而涡流的大小和分布决定于检测线圈的形状和尺寸、交流电频率、金属材料的电导率、金属与线圈的距离和金属表层缺陷等因素。

进行涡流检测时，工件中存在缺陷将会引起涡流的变化，致使检测线圈中的阻抗（或感应电压）也发生变化。当工件中不存在缺陷时，检测线圈中的阻抗处于相对稳定状态。当工件中存在缺陷时，检测线圈中的阻抗就发生了变化（这种变化由被检材料的电导率和磁导率等的不同而不同），涡流检测仪将这种阻抗的变化进行鉴别放大后转变为可视信号在显示器上显示出来。这样一来，可根据显示器上的显示结果来判断被检材料的质量。

当然，为了获得准确的检测结果，必须合理设计检测线圈和检测仪器，突出所要检测的信息，而将其他没有用的信息（这里称为干扰信息）抑制掉。在涡流检测仪中的信号处理单元就是专门用来抑制干扰信息的。而缺陷的相关信息则能顺利通过该单元，并传送到显示单元，从而实现缺陷的显示、记录、报警或分类控制等功能。

3. 涡流检测的特点

（1）涡流检测只适用于导电材料　该检测法仅用于钢铁、有色金属以及石墨等导电材料制成的构件或产品，特别适用于导电材料的表面和近表面检测。因为涡流是在交变磁场作用下在导电材料中感应出的旋涡状电流，所以实现涡流检测的必要条件是工件必须具有导电性。实质上，涡流检测是检测由各种因素引起的工件中的导电性的变化。某一因素引起的导电情况变化越大，表面的检测灵敏度就越高，所以，涡流检测特别适用于薄的、细的导电材料的检测，而对粗厚材料则只适用于表面和近表面检测。

（2）涡流检测可用于高温检测　如果对材料的毛坯和半成品进行检测，不合格的毛坯和半成品在进入下道工序前就会被发现，就可以节省大量的人力和能源。所以，世界各国都在致力于研究处于高温状态下（1100℃）的毛坯和半成品的高温检测。涡流检测属于非接触式检测，所以，涡流检测已被大量引入高温材料的检测中。高温下金属材料的涡流检测范围也是极广的，从热线到热管、热棒，从热态有色金属到热铁磁金属，均可采用涡流法进行检测。

（3）涡流检测不需要耦合剂　在涡流检测中，无论是励磁磁场影响工件或是工件中涡流磁场的变化，被检测仪检测到的都是一种电磁波。从物理学知，电磁波不仅是具有波动性，而且是一种粒子流。所以可在非接触状态下进行检测，检测线圈（又称为检测探头）和工件中无须加入耦合剂。这与超声检测不同，因为超声波只具有波动性，而不是粒子流，所以，超声检测一定要接触工件检测，或在探头和工件之间涂上耦合剂。

（4）涡流检测速度快，易于实现自动化　由于涡流检测不需要耦合剂，可以实现非接触检测，因而其检测速度极快。当检测系统中有传动装置时，则可实现自动化检测。

（5）涡流检测的应用范围广　涡流检测除用于金属的种类、成分、热处理状态等的分选和质量检测外，还可用于工件尺寸、镀（涂）层厚度、腐蚀状况的检测及工件形状变化的评判。

4. 涡流检测设备及器材

（1）涡流检测线圈　涡流检测线圈的作用主要有两个：一是向工件输送励磁磁场，从而在工件的表面、近表面产生感应涡流；二是接受涡流畸变信息，测定涡流磁场的变化情况。实际应用的涡流检测线圈有多种形式，通常根据其与工件的相对位置可以分为穿过式、内插式和探头式；根据检测方式可以分为自感式和互感式；根据比较方式可以分为自比式和他比式，见表5-15。

（2）涡流检测仪　涡流检测仪由振荡器、信号检出电路、放大器、信号处理器和显示器等部分组成。图5-20所示为常见的涡流检测仪的基本组成示意图。

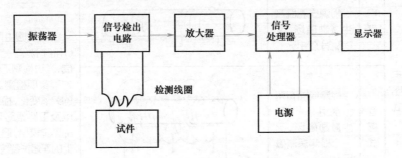

图5-20　常见的涡流检测仪的基本组成示意图

振荡器产生各种频率的振荡电流通过检测线圈，线圈产生交变磁场并在工件中感生涡流。当试件存在缺陷或物性变化时，线圈电压发生变化，通过信号检出电路将线圈电压变化量输入放大器放大，经信号处理器消除各种干扰信号，最后将有用的信号输入显示器显示检测结果。

振荡器的作用是向激励线圈提供所需频率及幅度的电流，以便在试件中感生所需强度的涡流。振荡器常配以功率放大器使用。多采用LC振荡器，具有起振容易、调整频率方便、能产生较大幅度正弦振荡、频率稳定的优点。由于工件中涡流的作用，检测线圈所产生的信号幅度和相位会有相应的改变，但这种变化很小，需用放大器放大信号。信号处理器用来消除无关信号的干扰。显示器显示检测结果，可采用示波器、电表、记录仪、指示灯等。

当工件为强磁性材料时（如钢管），由于冷加工等原因，其表面磁导率在不同部位有着显著的不同。检测时，磁导率的不均匀就是产生杂乱信号的原因。在此种情况下，可采用直流磁饱和装置（由磁饱和用线圈和直流电源组成），把直流电通过磁饱和用线圈使之产生强直流磁场，使工件在饱和磁化状态下进行检测。由于磁饱和后，工件磁导率的不均匀性降低，这样就可抑制杂乱信号的产生和影响。

表 5-15　涡流检测线圈的分类方式

分类方式	名称		工作方式	图示	应用特点
线圈与工件的相对位置	穿过式		工件穿过检测线圈	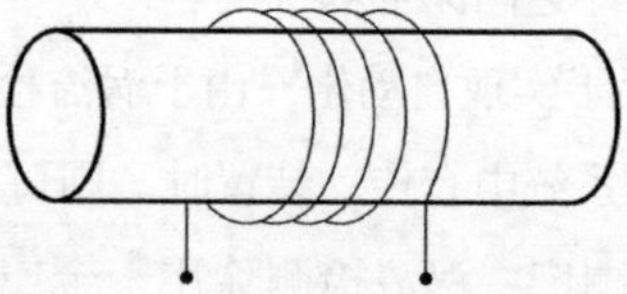	检测速度快,广泛应用于管、棒、线材的自动检测
	内插式		检测线圈插在工件孔内或管材内壁	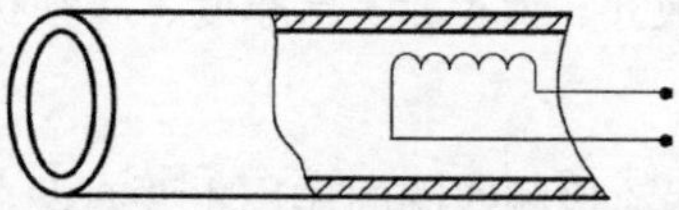	常用于管件内部及深孔部位的检测,检测工件中心线与线圈轴线相重合
	探头式		检测线圈放置在工件表面	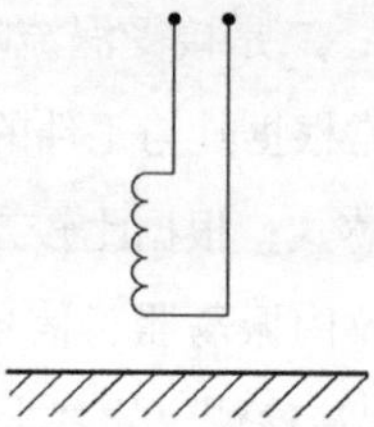	带有磁心,可以起到聚集磁场的作用,检测灵敏度高,但灵敏区间小,适合于板材和大直径管材、棒材的表面检测
比较方式	自比式	自感式	检测线圈既产生激励磁场,又检测涡流磁场	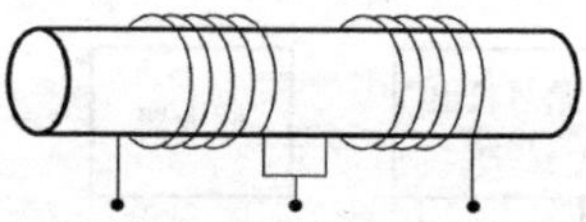	检测线圈由两个相距很近(用于检测同一工件)的线圈组成,通过检测工件不同部位的差异实现检测。能检测缺陷的突然变化,检测时环境温度以及工件振动等对检测结果的影响较小,但无法检测工件上的连通长裂纹
		互感式	检测线圈有两个绕组,一个产生激励磁场,另一个检测涡流磁场	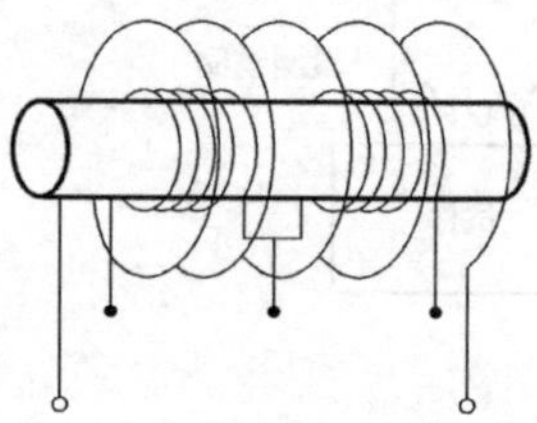	
	他比式	自感式	检测线圈既产生激励磁场,又检测涡流磁场	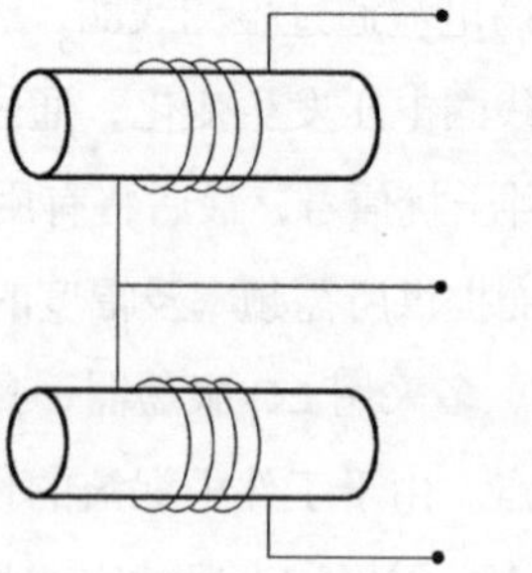	检测线圈由两个完全相同的线圈组成,分别对工件和对比试样检测。通过比较工件与对比试样之间存在的差异实现检测
		互感式	检测线圈有两个绕组,一个产生激励磁场,另一个检测涡流磁场	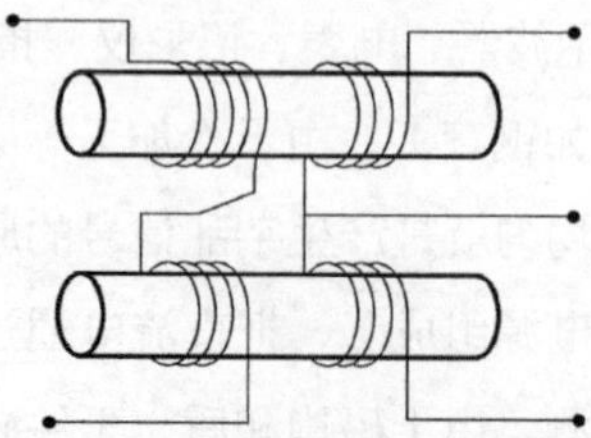	

综上所述，涡流检测仪具有以下作用。

1）提供励磁电流，使工件中产生涡流。

2）把检到的工件中的涡流磁场变化加以放大。

3）将放大的信号进行处理，尽量提高信噪比。

4）把经过处理的信号，以某种形式显示出来，提供评判依据。

（3）对比试样　涡流检测所用的对比试样一般有两种：一种为检测检测仪性能对比试样，这种试样上加工有多种人工缺陷，如管材内外壁纵向刻痕、自然凹坑、环状伤、钻孔（通孔或半通孔）、管材壁厚的阶梯状变薄等；另一种是用于产品质量检测的对比试样，其与产品具有相同化学成分、相同规格、相同尺寸、相同热处理工艺等条件，是具有特定形状人工缺陷的试样，有时也可用具有典型自然缺陷的工件做对比试样。

图 5-21 所示为管材检测常用的对比试样。

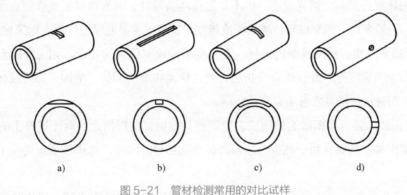

图 5-21　管材检测常用的对比试样

a）平底铣槽　b）矩形槽　c）圆周铣槽　d）通孔

对比试样具有如下几个作用。

1）检验和测定涡流检测设备的各种功能，如测定仪器检测不同类型缺陷的能力、对内部缺陷的检测能力等。

2）确定检测设备上各旋钮的位置和检测设备的灵敏度。

3）用作判废标准。当发现设备的指示超过标准缺陷时，就认为该工件报废。

需要注意的是，对比试样上人工缺陷的大小并不表示检测仪可能检出的最小缺陷。所能检测到的最小缺陷的能力，取决于检测设备的综合灵敏度。换句话说，对比试样上的人工缺陷只作为调整设备的标准当量，而绝非一个实用的缺陷尺寸的度量标准。

5. 涡流检测的一般步骤

由于涡流检测具有简单、快速和便于实现自动化的特点，所以在金属材料及金属零件的质量检测中得到了广泛的应用。尤其是在冶金产品领域，涡流检测具有较为广泛的应用，大量应用于管材、棒材、丝材、板材以及焊缝等工件及产品的检测上。涡流检测一般分为如下几个步骤。

（1）检测前的准备工作

1）对工件进行预处理。要对工件表面进行清理，除去影响检测时缺陷显示的各种附着物，如油污、氧化皮及吸附的铁屑等杂物。

2）对比试样的准备。根据相应的技术条件或标准来制作或选择对比试样。

3）选择检测方法及设备。一般根据工件的性质、形状、尺寸以及欲检出的缺陷种类和大小选择检测方法及设备。对于小直径、大批量焊管或棒材的表面检测，大都配有穿过式自比线圈的自动检测设备。

4）检测设备预运行。要求检测设备通电后，应经过一定的稳定时间后方可进行正常的使用。一般要求在正常检测使用之前，设备应稳定运行 10min 以上。

5）调整传送装置。工件通过线圈时应无偏心、无摆动。

（2）确定检测规范

1）选择检测频率。检测频率是影响检测灵敏度的重要因素，直接影响到工件中涡流的大小、分布和相位。因此，在选择检测频率时，应以能把规定的对比试样上的人工缺陷检测出来为宜。虽然高的检测频率可提高检测灵敏度，但不是选得越高越好。因为频率的选择还应照顾到检测时的透入深度。一般来说，频率越高，透入深度越浅，就越不容易发现工件近表面区域的缺陷。

2）选择检测线圈。检测线圈的选择，首先要明确检测任务的要求，如工件的形状和尺寸、检测灵敏度和检测速度等。经过综合分析后，决定检测线圈的形状、结构，如对线材检测应选用穿过式线圈，而对板材检测应选用点探式线圈。

3）调整相位。装有移相器的检测仪，要调整其相位，使得指定的对比试样上的人工缺陷能最明显地检测出来，从而有利于减少缺陷以外的杂乱信号。同时，选择相位也要便于缺陷种类和位置的区分。

4）调整平衡电路。涡流检测仪有平衡电桥时，应使电桥的输出为零。操作时应使工件处于实际检测状态下，将线圈放于工件无缺陷部位，反复调节检测仪上的平衡旋钮，直到电桥的输出为零。

5）调整直流磁场。装有直流磁饱和装置的检测仪，对强磁性材料进行检测时，要加强磁饱和用线圈的直流磁场，使工件磁导率不均匀性引起的杂乱信号降低到不致影响检测结果的程度。

6）调整检测灵敏度。检测灵敏度的调整是在其他调整步骤完成之后进行的，是将对比试样上的人工缺陷的显示信号调整到检测仪显示器的正常动作范围（一般来讲，应将人工缺陷在检测仪上的指示高度调整到检测仪满刻度的 50%～60%）。

（3）检测工件　在选定的检测范围下进行检测。操作时应注意以下几点。

1）要保持检测线圈或工件的运行速度及检测线圈与工件之间距离的相对稳定，减少杂乱信号的产生。

2）在连续检测过程中，每批工件检测完毕后或每间隔一定时间，要用对比试样对检测仪的灵敏度进行一次校验，如发现检测规范有变化时，应对检测仪做重新调整。对先前检测过的工件应进行复检后，才能决定是否判废。

3）在采用磁饱和用线圈的场合，因磁饱和用线圈的强磁场会吸引周围零星的小件，所以要注意安全，防止被击伤；另外，不要让手表、仪器、仪表之类的物品靠近线圈，以避免被磁化而运行失常。

（4）检测结果的分析与评定　根据检测仪显示器显示出来的信号，判断信号是否为缺陷信号，以及是何种性质的缺陷信号。当判断为缺陷信号时，若缺陷信号小于对比试样人工缺陷信号时，应判定为工件合格；反之可判定为不合格。对不合格产品或工件，应根据有关验收标准规定进行修复处理或报废。如果对获得的检测结果产生疑问，应重新进行检测或利用其他检测方法（如目测检测法、磁粉检测法和破坏性试验等）进行复检。

（5）后续工作

1）对经饱和磁化的铁磁材料，检测后应进行退磁处理。

2）详细记录检测结果并编写检测报告。

任务实施

1. 工作准备

在进行涡流检测之前，应对涡流检测系统的性能逐一测试，以保证检测结果的可信度。需要测试的性能指标一般包括信噪比、周向灵敏度差、端部盲区、分辨力、连续工作稳定性以及线性等。测试性能时，应根据 GB/T 14480.3—2008《无损检测　涡流检测设备　第 3 部分：系统性能和检验》以及 NB/T 47013.6—2015《承压设备无损检测　第 6 部分：涡流检测》来进行相关的操作和评价，具体内容请参考上述国家标准。这里仅介绍信噪比、周向灵敏度差以及分辨力的测试。

（1）信噪比的测试

1）开启设备电源，预热 15～20min，根据设备使用说明所规定的速度进行预运转。

2）将检测线圈同心穿过对比试样，同时令试样人工缺陷由小到大依次通过检测线圈，调节增益（衰减），记录信号占满刻度 50% 的最小人工缺陷和此时的增益值 G_1。

3）再将检测线圈同心穿过对比试样，调节增益（衰减），当噪声指示占满刻度的 50% 时读取此时增益值 G_2，则涡流检测仪的信噪比可以表示为

$$S/N_{ED-\phi} = \mid G_2 - G_1 \mid \tag{5-2}$$

式中　　$ED-\phi$——测试时所使用的对比试样代号，ϕ 表示信号占满刻度 50% 的最小人工缺陷的直径。

上述测试也可利用槽形对比试样来进行，具体内容与上述步骤相同，只需将信噪比表示为

$$S/N_{ED-h} = \mid G_2 - G_1 \mid \tag{5-3}$$

式中　　$ED-h$——测试时所使用的对比试样代号，h 表示信号占满刻度 50% 的最小人工缺陷的深度。

（2）周向灵敏度差的测试

1）将试样穿过检测线圈中心（或将检测线圈穿过试样），此时应注意同心。调节增益（衰减），使对比试样上沿圆周分布的互为 120° 的三个通孔的信号刚刚全部报警（此时信号的最低值为 50%），记录此时的增益（或衰减）值 G_3。

2）再将试样穿过检测线圈中心，以 1dB 的差值增加衰减量，直到三个通孔的信号指示全部

低于50%，记录此时的增益（衰减）值 G_4，则周向灵敏度差可以表示为

$$\Delta = |\ G_3 - G_4\ | \tag{5-4}$$

（3）分辨力的测试　涡流检测仪能分别检出的最近的两个孔之间的距离称为分辨力，单位为 mm。可以使用图 5-22 所示的对比试样进行测试。

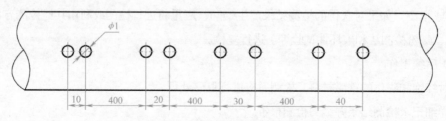

图 5-22　分辨力测试用对比试样

将试样穿过检测线圈中心或将检测线圈穿过试样（注意同心），使试样上单个通孔得以显示，且指示值占满刻度的 50%。此时保持检测仪各指标不变，再次检测试样，当明显获得两个临近通孔的指示时做记录，用最近的两孔之间距离表示仪器的分辨力，单位为 mm。

2. 工作程序

1）涡流检测应在所有生产工序完成之后的钢管上进行。检测之前应去除吸附在钢管上的金属粉末、氧化膜以及油脂等杂物。在检测之前，涡流检测仪应预热 0.5h 左右。

2）利用对比试样调整检测灵敏度，通过调整使得每个人工缺陷都能被检测设备发现并给出预警信号，并且圆周方向的灵敏度差别小于 3dB。

3）当使用旋转的钢管/扁平线圈对钢管进行检测时，钢管和线圈应彼此相对移动，其目的是使整个钢管表面都被扫查到，如图 5-23 所示。此外，也可采用钢管旋转并直线前进的方法，主要用于检测外表面上的裂纹。

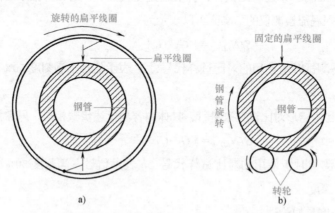

图 5-23　旋转的钢管/扁平线圈检测示意图

a）旋转的扁平线圈技术（钢管相对于旋转的扁平线圈组件直线移动）

b）旋转的钢管技术（扁平线圈沿着钢管长度直线移动）

4）钢管焊缝的检测，除采用穿过式线圈进行检测外，也可采用放置式线圈。放置式线圈应有足够的宽度，通常做成扇形或平面形，以使焊缝在偏转的情况下得到扫查，如图 5-24 所示。

图 5-24 中 f 表示施加到检测线圈的激励频率。扇形线圈可以制成多种形式，取决于使用的设备和被检测钢管。

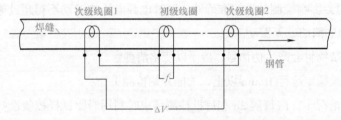

图 5-24 扇形线圈焊缝涡流检测示意图

5）被检测钢管显示的缺陷信号小于对比试样人工缺陷的信号时，应该判定该钢管为经涡流检测合格产品。

6）当被检测钢管显示的缺陷信号不小于对比试样人工缺陷的信号时，认为该钢管为可疑产品。对于可疑产品需经过重新检测，如检测结果符合上述 5）的要求，则认定为合格。也可以对检测中的可疑部分进行修磨，若钢管尺寸在修磨后符合规定，则重新安排检测。还可以将可疑部位切除，余下部位可以认定合格。如果在特别重要的场合，可以认定可疑产品不合格。

7）填写检测报告。钢管的涡流检测报告应包括如下内容。

① 检测的日期：年、月、日。

② 工件的型号、炉号、规格、尺寸，检测工件总数，报废工件数。

③ 对比试样编号、验收标准及合格级别。

④ 设备参数，如线圈类型、磁饱和电流、电压、频率、线圈（或工件）运行速度、检测灵敏度和相位等。

⑤ 对检测工件做出合格与否的结论，或做出用其他检测方法复验的建议。

⑥ 检测人员及有关责任人员签名。常用的涡流检测报告格式见表 5-16。

表 5-16 涡流检测报告示例

工件名称		规格	
尺寸		材质	
执行标准		生产厂家	
设备型号		线圈类型	
设备检测参数 频率： 相位： 增益： 垂直/水平比： 线圈形式：		对比试样及图示	
检验结论			
编制人/日期/级别		审核人/日期/级别	批准人/日期

3. 操作要点

1）检测的环境条件应符合相关规定，一般来讲，环境温度应处于 0 ~ 40℃，空气的相对湿度不应超过 80%，否则会影响检测结果的准确性。同时电源电压的波动不得超过额定电压的 10%，而且应保持周围环境的清洁，无振动。

2）钢管表面的杂物将会产生伪信号，应予以严格清理。

3）设备必须连续稳定运行 10min 以上，才能开始检测工作。

4）连续使用的情况下，应每隔 2h 和每批检测结束时利用对比试样校验设备。如果发现灵敏度降低时，应适当提高 3dB，此时如果仍然无法检测到所有人工缺陷时，应停止检测，对设备进行重新调节和校准。

课 业 任 务

一、填空题

1. 涡流检测时，需要照顾深度，则检测频率选取一般_____，此时检测灵敏度将会_____。

2. 涡流检测灵敏度在很大程度上取决于检测频率，检测频率越高，表面缺陷的检出能力_____。

3. 由工件中感应的涡流所产生的磁场方向与激励涡流的磁场方向_____。

4. 穿过式线圈适用于_____、_____、_____材的检测。

5. 涡流检测仪由_____、_____、_____、_____、_____等部分组成。

二、简答题

1. 简述涡流检测时，对比试样的用途及制作注意事项。

2. 用涡流检测方法对产品和材料进行检测时，有哪些特点？

参考文献

[1]《国防科技工业无损检测人员资格鉴定与认证培训教材》编审委员会.无损检测综合知识［M］. 北京：机械工业出版社，2005.

[2]《国防科技工业无损检测人员资格鉴定与认证培训教材》编审委员会.目视检测［M］.北京： 机械工业出版社，2006.

[3]《国防科技工业无损检测人员资格鉴定与认证培训教材》编审委员会.射线检测［M］.北京： 机械工业出版社，2004.

[4]《国防科技工业无损检测人员资格鉴定与认证培训教材》编审委员会.超声检测［M］.北京： 机械工业出版社，2005.

[5]《国防科技工业无损检测人员资格鉴定与认证培训教材》编审委员会.磁粉检测［M］.北京： 机械工业出版社，2004.

[6]《国防科技工业无损检测人员资格鉴定与认证培训教材》编审委员会.渗透检测［M］.北京： 机械工业出版社，2004.

[7]《国防科技工业无损检测人员资格鉴定与认证培训教材》编审委员会.涡流检测［M］.北京： 机械工业出版社，2004.

[8]《国防科技工业无损检测人员资格鉴定与认证培训教材》编审委员会.声发射检测［M］.北京： 机械工业出版社，2005.

[9]中国机械工程学会无损检测分会.超声波检测［M］.2版.北京：机械工业出版社，2000.

[10]中国机械工程学会无损检测分会.射线检测［M］.3版.北京：机械工业出版社，2004.

[11]中国机械工程学会无损检测分会.磁粉检测［M］.2版.北京：机械工业出版社，2004.

[12]张天鹏.射线检测［M］.北京：中国劳动社会保障出版社，2007.

[13]郑晖，林树青.超声检测［M］.2版.北京：中国劳动社会保障出版社，2008.

[14]宋志哲.磁粉检测［M］.2版.北京：中国劳动社会保障出版社，2007.

[15]胡学知.渗透检测［M］.2版.北京：中国劳动社会保障出版社，2007.

[16]李国华，吴淼.现代无损检测与评价［M］.北京：化学工业出版社，2009.

[17]宋天民.焊接接头无损检测［M］.北京：中国石化出版社，2013.

[18]许利民.焊接检测及技能训练［M］.长沙：中南大学出版社，2010.